云制造环境下
可制造性评价

胡艳娟　王占礼　王金武　许小侠　著

YUNZHIZAO HUANJING XIA
KEZHIZAOXING PINGJIA

化学工业出版社
·北京·

内容简介

本书简要介绍云制造环境下可制造性的评价理论与方法。在大量制造资源集成的环境下，对制造资源进行基于加工特征的模糊聚类，实现云环境下制造资源的模糊分类、快速检索和匹配；全面考虑制造商受云制造环境一系列评价指标的影响，构建基于云制造环境的制造商优选多目标数学模型，并优选出最适合用户的制造商；基于客户和资源提供商的双重角度，综合考虑资源的一系列评价指标的影响，构建云方案优选多目标数学模型，并优选出最适合企业用户的加工方案；深入分析云制造服务的特点，结合模糊理论建立层次化的云制造模糊综合评价模型和多级云制造服务综合评价指标体系，进行评价结果等级分类，并通过实例仿真，验证该评价模型的有效性和实用性。

本书可供从事云制造、可制造性评价等的科研、工程技术人员阅读参考，也可供网络协同制造、制造服务与管理研究专业的师生参考。

图书在版编目（CIP）数据

云制造环境下可制造性评价/胡艳娟等著．—北京：化学工业出版社，2021.8

ISBN 978-7-122-39254-1

Ⅰ.①云…　Ⅱ.①胡…　Ⅲ.①可制造性评价-研究　Ⅳ.①TB21

中国版本图书馆 CIP 数据核字（2021）第 101313 号

责任编辑：金林茹　张兴辉　　　装帧设计：王晓宇
责任校对：王　静

出版发行：化学工业出版社（北京市东城区青年湖南街 13 号　邮政编码 100011）
印　　装：北京建宏印刷有限公司
710mm×1000mm　1/16　印张 11　字数 177 千字　2021 年 8 月北京第 1 版第 1 次印刷

购书咨询：010-64518888　　　售后服务：010-64518899
网　　址：http://www.cip.com.cn
凡购买本书，如有缺损质量问题，本社销售中心负责调换。

定　　价：89.00 元　

前言

近年来，云制造模式和技术的研究与应用促进了制造业向以“产品＋服务”为主导的“集成化、协同化、敏捷化、绿色化、服务化、智能化”的新经济增长方式发展，进而加快了制造业实现“智慧化制造”，提高了制造企业的自主创新能力和市场竞争能力。但云制造技术还有许多问题亟待解决。本书针对云制造环境下可制造性评价问题进行深入分析与研究，并提出相应的解决办法，为云制造体系的完善与应用提供参考。

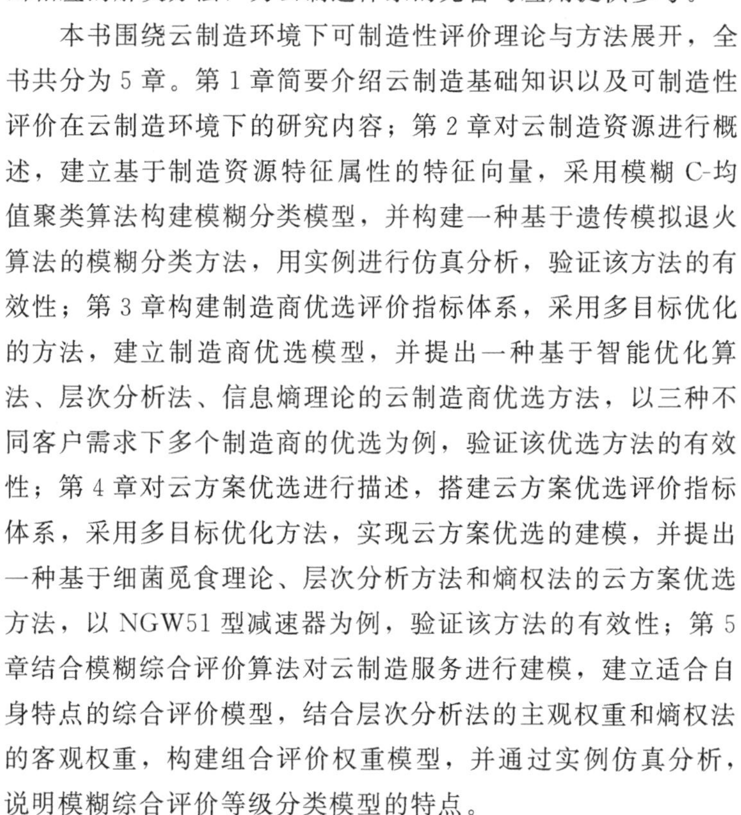

本书围绕云制造环境下可制造性评价理论与方法展开，全书共分为5章。第1章简要介绍云制造基础知识以及可制造性评价在云制造环境下的研究内容；第2章对云制造资源进行概述，建立基于制造资源特征属性的特征向量，采用模糊C-均值聚类算法构建模糊分类模型，并构建一种基于遗传模拟退火算法的模糊分类方法，用实例进行仿真分析，验证该方法的有效性；第3章构建制造商优选评价指标体系，采用多目标优化的方法，建立制造商优选模型，并提出一种基于智能优化算法、层次分析法、信息熵理论的云制造商优选方法，以三种不同客户需求下多个制造商的优选为例，验证该优选方法的有效性；第4章对云方案优选进行描述，搭建云方案优选评价指标体系，采用多目标优化方法，实现云方案优选的建模，并提出一种基于细菌觅食理论、层次分析方法和熵权法的云方案优选方法，以NGW51型减速器为例，验证该方法的有效性；第5章结合模糊综合评价算法对云制造服务进行建模，建立适合自身特点的综合评价模型，结合层次分析法的主观权重和熵权法的客观权重，构建组合评价权重模型，并通过实例仿真分析，说明模糊综合评价等级分类模型的特点。

本书由胡艳娟、王占礼、王金武、许小侠撰写，其中，王金武主要撰写第1章和第5章，胡艳娟撰写第2～4章，王占礼负责审稿，许小侠负责校对。同时，本书在编写过程中得到了长春工业大学、吉林大学、北京航空航天大学、美国密歇根大学的大力支持，并得到了吉林省智能制造技术工程研究中心、长春工业大学汽车工程研究院的帮助，在此一并表示衷心感谢！

本书相关的研究工作得到国家自然科学基金项目“云制造环境下可制造性评价理论与方法研究（51405030）”、吉林省青年科研基金项目“基于智能算法的面向云制造的可制造性评价技术研究（20160520069JH）”、吉林省教育厅项目“云制造环境下制造资源优化配置研究（JJKH20170557KJ）”的资助。

限于作者水平，书中不妥之处在所难免，恳请广大读者批评指正。

著　者

目录

第1章　概述 …………………………………… 001

1.1　云制造基础知识 ………………………………… 002
1.2　云制造环境下可制造性评价的内容简介 …… 004
1.2.1　云制造资源分类问题 ……………………… 004
1.2.2　云制造环境下制造商优选问题 ………… 005
1.2.3　云方案智能优选问题 ……………………… 005
1.2.4　云制造服务综合评价问题 ……………… 006
1.3　本章小结 ………………………………………… 006

第2章　云制造环境下制造资源模糊分类建模与仿真…… 007

2.1　云制造资源模糊分类建模 …………………… 008
2.1.1　模糊聚类算法简介 ………………………… 008
2.1.2　云制造资源模糊分类问题描述 ………… 010
2.1.3　云制造资源模糊分类建模 ……………… 013
2.2　制造资源模糊分类仿真 ……………………… 015
2.2.1　遗传模拟退火混合算法简介 …………… 015
2.2.2　基于遗传模拟退火算法的制造资源模糊分类方法 ……………………………………… 017
2.2.3　仿真实例分析 ……………………………… 019
2.3　本章小结 ………………………………………… 024

第3章　云制造环境下制造商优选建模与仿真 ……… 025

3.1　制造商优选建模 ………………………………… 026
3.1.1　制造商优选问题解析 ……………………… 026
3.1.2　制造商优选评价指标体系 ……………… 028
3.1.3　制造商优选数学模型建立 ……………… 032
3.2　制造商优选仿真 ………………………………… 037
3.2.1　基于信息熵与层次分析法的权重计算 ……………………………………………… 037
3.2.2　智能体优化算法简介 ……………………… 046
3.2.3　基于智能体优化算法的制造商优选方法 ……………………………………………… 048

3.2.4 仿真实例分析 …… 052
3.3 本章小结 …… 063

第 4 章 云方案智能优选建模与仿真 …… 065

4.1 云方案智能优选建模 …… 066
4.1.1 云方案智能优选问题描述 …… 066
4.1.2 云方案智能优选数学模型 …… 067
4.1.3 云方案优选评价指标 …… 071
4.2 云方案智能优选仿真 …… 074
4.2.1 细菌觅食优化算法简介 …… 074
4.2.2 基于层次分析法和熵权法的权重计算 …… 076
4.2.3 基于细菌觅食优化的云方案智能优选方法 …… 083
4.2.4 仿真实例分析 …… 086
4.3 本章小结 …… 103

第 5 章 基于模糊理论的云制造服务综合评价建模与仿真 …… 105

5.1 基于模糊理论的云制造服务综合评价建模 …… 106
5.1.1 多级模糊综合评价模型建立 …… 106
5.1.2 层次分析法建模 …… 108
5.1.3 熵权法建模 …… 112
5.1.4 层次分析法和熵权法组合权重模型 …… 113
5.2 基于模糊理论的云制造服务综合评价仿真 …… 113
5.2.1 建立多级云制造服务综合评价指标体系 …… 113
5.2.2 建立多级云制造服务评价因素集 …… 116
5.2.3 建立评价对象的评语集 …… 118
5.2.4 建立多级云制造服务综合评价指标模糊关系矩阵 …… 119
5.2.5 组合权重的确定 …… 123
5.2.6 多级模糊综合评价 …… 132

5.2.7 评价结果等级分类 …………………………… 134
5.3 本章小结 ………………………………………… 137

附录 …………………………………………………… 139

参考文献 ……………………………………………… 166

第1章 概述

1.1 云制造基础知识

制造业自古以来就是关系国家经济繁荣和发展的重要产业，在国家政策和市场需求的不断推动下，各种先进制造技术和高科技信息技术应运而生。当前互联网技术迅猛发展，使制造业发生了令人惊叹的变化，制造业所追求的目标也逐渐发生转变，从之前的规模化生产、低成本生产、高效率生产转变为现在的高科技创新生产和网络化制造及其服务模式。随着各种信息技术、互联网技术和计算机技术的持续发展，制造业也不断改变已有的制造模式，寻找新的生产制造模式来满足企业的需求。为了应对这种时刻在更新和进步的挑战，适应变幻莫测的市场经济，满足用户个性化和多样化的需求，各种各样的制造模式随之产生。其中，网络化制造模式能够将互联网技术和传统制造业相对较好地结合，以此来应对当前亟待发展的制造业需求，这种方式不仅能够突破地域差距对传统制造企业生产模式的限制，还可以对零件产品加工的各个制造环节的所有活动实现企业之间的协作和资源的共享。2010 年，北京航空航天大学的李伯虎院士及其团队，结合当前的各种高新制造技术和云计算的理念，将急需突破发展限制的制造业和新型的互联网进行结合，提出了一种面向服务的网络化制造新模式——云制造（Cloud Manufacturing，CMfg）。

云制造是一种基于网络的、面向服务的智慧化制造新模式，它融合发展了现有信息化制造（信息化设计、生产、实验、仿真、管理、集成）技术与云计算、物联网、服务计算、智能科学、高效能计算等新兴信息技术，将各类制造资源和制造能力虚拟化、服务化，构成制造资源和制造能力的云服务池，并进行统一的、集中的优化管理和经营，使用户通过云端即可随时随地按需获取制造资源与能力服务，进而智慧地完成其制造全生命周期的各类活动。

基于云制造模式和手段构成的系统称为云制造系统或制造云，它是一种基于各类网络（组合）的、人机物环境信息深度融合的、提供制造资源与能力服务的智慧化制造。云制造系统的功能体系架构如图 1-1 所示。

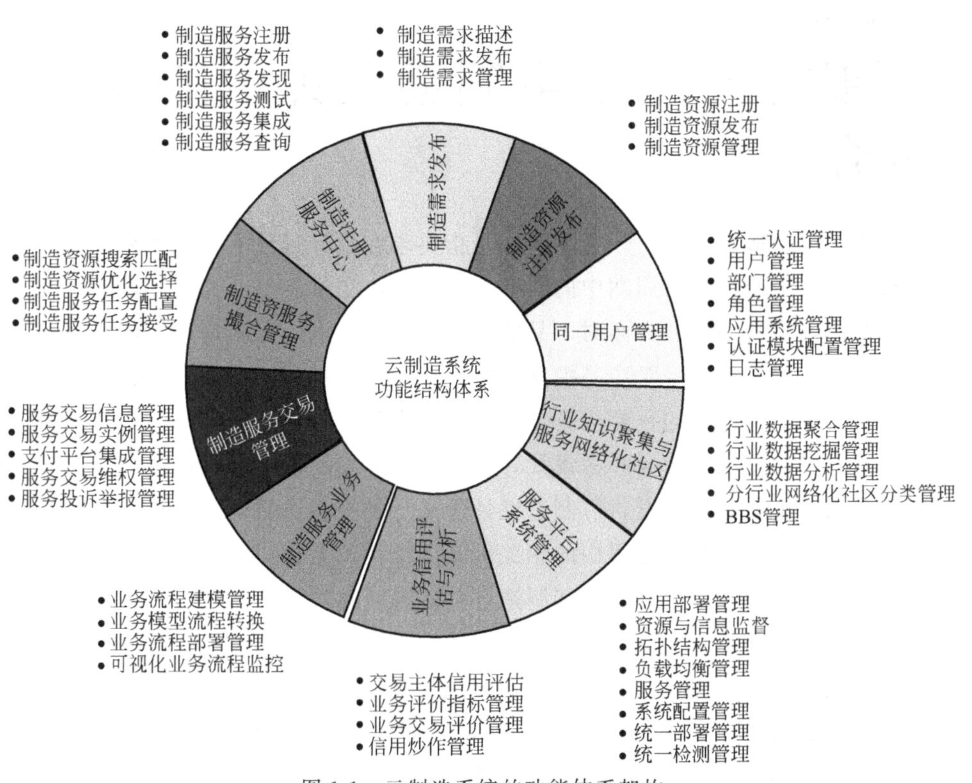

图 1-1　云制造系统的功能体系架构

云制造具有制造资源和能力的数字化、物联化、虚拟化、服务化、协同化、智能化特征，综合体现为智慧化的技术特征。云制造能够按需提供服务，具有强大的资源聚集能力、知识汇聚创新能力、支持个性化及社会化制造的能力、支持绿色制造的能力。云制造通过上述特征和能力，可以支持制造企业向“产品＋服务”型转变，实现经济增长方式的转变；支持按需使用，提高制造资源利用率，进而提高制造企业的市场竞争能力；支持过程制造协同与群体协作，提高企业自主创新能力，加快实现制造业的“智慧化制造”。云制造还可以在很大程度上降低制造的门槛，使许多小企业甚至没有足够制造经验的个人也可以在云制造平台的支持下，生产出自己理想的产品。这些都将为制造业带来前所未有的变革。

1.2 云制造环境下可制造性评价的内容简介

所谓可制造性评价，广义上讲，是指要求在设计过程中考虑产品从生产到报废的整个产品生命周期中的所有影响因素，包括制造、测量、装配、维护以及回收再利用等各方面对产品的约束。狭义上讲，可制造性评价是指在现有制造资源条件下，对产品模型各设计属性（形状、尺寸、公差、表面质量等）满足制造约束的程度进行分析，找出设计模型中不利于产品制造和产品质量的因素，从而指导产品设计，缩短产品开发周期，改进产品质量。从机械产品的研究范畴出发，可制造性评价是一种提高产品设计质量的有效手段，它通过对产品制造过程中的相关因素（结构工艺性、装配工艺性、加工工艺性、经济性等）进行检验和制造评估，及时发现设计问题、改善设计质量，减少设计环节与制造环节的循环迭代，为进一步进行设计修改提供理论依据。它是寻求最简单、最经济、又能满足用户需求的设计方案的过程。

尽管云制造的实施能够改善企业或集团的产品及其开发时间、质量、成本、服务、环境清洁和知识含量，但随着经济的发展，用户对产品的要求不断提高，产品的设计和产品的结构趋于复杂化，进而对制造技术的要求也大大提高，零件的加工难度也变大。在云制造模式下，海量制造资源集成，如何将大量制造资源进行分组，以便用户能够快捷搜索，从而判断在云制造平台下是否有满足加工要求的制造资源，如何评价并选择能够提供所需制造资源的制造商，如何在海量加工方案中选出最优的方案，如何评价制造云的服务，都是云制造模式下可制造性评价方面亟待解决的问题。对此，本书主要针对以下问题开展研究及分析。

1.2.1 云制造资源分类问题

云制造资源（Cloud Manufacturing Resources，CMR）可以定义为产品

制造全生命周期中可以发挥作用并且完成所有与之相关生产制造活动所涉及的硬资源（机床、刀具、夹具、量具等），软资源（技术信息资源、物流资源、知识资源、工艺标准、企业管理信息等），人力资源（一般操作工人，技术专家等）等的总称。

针对云制造资源的特点，第 2 章提出了云环境下制造资源模糊分类问题，采用模糊 C-均值聚类算法构建了云制造资源模糊分类数学模型；为求解该问题，提出了一种基于遗传模拟退火的模糊分类方法，并对该方法进行了实例仿真分析，验证了该方法的有效性，实现了制造资源的快速模糊分类。

1.2.2 云制造环境下制造商优选问题

云制造环境下的制造商优选，即对制造商所承载的制造资源与制造能力进行优化。与常规环境不同的是，在云制造环境下，充分考虑影响制造商提供制造服务的因素，包括成本、时间、可靠性、企业资产等，并将这些宽泛的因素细化为更多的评价指标，例如，成本包含物料成本、通信成本、工人雇佣成本等。通过这些详细的评价指标可以直观地展示出制造商所具备的制造服务能力。

针对制造商优选问题，第 3 章构建了制造商智能优选评价指标体系，建立了基于制造商智能优选评价指标体系的数学模型；为实现问题的求解，提出了一种基于层次分析法和信息熵的智能体优化的混合方法，并对该方法进行了实例仿真分析，实现了制造商的优选，验证了该方法的快速性与有效性。

1.2.3 云方案智能优选问题

云方案优选问题简言之是指在一个庞大的、拥有着大量的制造资源（包括设备资源、物料资源、人力资源、软件资源和技术信息资源等）的网络化云端资源池里，如何选择适合企业需求的最优方案。资源提供商将它们闲置的资源发布到云端，继而构成云资源池；企业用户若有需要待加工制造的零件产品，根据企业的运行情况，发布适合企业加工方案的需求（例如：生产成本低，生产时间短，加工质量高，原材料和技术专家的来源等）；通过一系列的智能优化，得到适合不同企业需求的最优加工方案。

针对云方案优选问题，第 4 章建立了云方案优选评价指标体系，构建了云方案智能优选数学模型；为求解该问题，提出了一种基于层次分析法和熵权法的细菌觅食混合优化方法，并对该方法进行了实例仿真分析，验证了该方法的有效性。

1.2.4 云制造服务综合评价问题

对云制造服务进行综合评价，首先评价指标体系要具有科学性、实用性等特点；其次建立的模型要具有能体现出综合评价特点的优势，能对评价对象做出全局性、整体性、系统性的评价。另外，评价指标体系种类繁多，既有定性的，也有定量的，具有层次化的特征，所以选择合适的评价算法对云制造服务进行综合评价，十分重要。

针对云制造服务综合评价问题，第 5 章基于模糊综合评价法（FCE），采用定性与定量相结合的方式，建立了层次化的综合评价指标体系和隶属度函数；利用层次分析法（AHP）和熵权法（Entropy Method）对评价指标权重进行修正，得出组合权重，最终确定了一个“优”“良”“中”“合格”“差”五个等级的综合评价模型，并通过相关实例验证所建立的等级评价模型能够根据服务用户的不同需要，对云制造服务进行有效的综合评价和系统的等级分类。

本书对可制造性评价的内涵进行了拓展，研究在云制造环境下可制造性评价理论与方法，为完善云制造体系、云评价平台的建立提供理论基础和技术支持，对促进我国制造业转型升级具有重大意义。

1.3 本章小结

本章简要概述了云制造的基础知识及云制造环境下可制造性评价存在的问题，并在此基础上，介绍了本书的重点内容及主要方法。

第2章

云制造环境下制造资源模糊分类建模与仿真

为了使云环境下的制造资源更加方便快捷地实现模糊分类，本章对云制造资源进行了模糊分类建模，提出了一种基于遗传模拟退火的模糊分类方法，该方法能够使大量的制造资源按照所能够加工的基本特征和制造资源本身的基本属性快速实现模糊分类。

2.1 云制造资源模糊分类建模

2.1.1 模糊聚类算法简介

在日常生活中，“模糊性”现象的存在使很多事情体现出不确定性。量子哲学家 Max Black 首次构造了模糊集隶属度函数，但是直到 1965 年，美国自动控制专家、数学家 L. A. Zadeh 才正式将模糊理论发表在 Fuzzy Sets 上，自此模糊数学才开始了广泛的应用，例如应用在模式识别、自动控制和医疗诊断等诸多领域。

聚类是按照一定的要求和规律对事物进行区分和有序分类的过程，一般把事物之间的相似性和类似性作为分类的依据，把聚类结果相似或接近的事物归为一类，相似性差距较大的事物归为不同的类，这是一种无监督分类的范畴。相应的聚类分析则是运用数学理论方法研究特定对象事物的分类。传统的聚类分析可以说是一种硬性划分，分类的界限不仅特别清楚，而且严格分明。但是针对本书研究的云制造环境下制造资源分类问题，就变得行不通了，由于云环境下制造资源具有的属性特点越来越相近和模糊，不同的制造资源可能具有相同或者相似的类属性，所以不能采用界限分明的传统方法。模糊聚类的基本理论为这种模糊划分奠定了数学基础并提供了必要支撑条件，本书采用模糊 C-均值聚类算法对云环境下的制造资源进行模糊分类。

(1) 模糊 C-均值聚类算法原理

模糊 C-均值聚类算法（Fuzzy C-Means，FCM）最初来源于 Dunn 将硬聚类目标函数推广到模糊 C-均值聚类目标函数，最后由 Bezdek 给出了模糊 C-均值聚类目标函数的普遍形式：

$$\begin{cases} J_m(U,V)=\sum_{k=1}^{n}\sum_{i=1}^{c}(\mu_{ik})^m(d_{ik})^2 \\ s.t. \qquad U\in \boldsymbol{M}_{fc} \end{cases} \tag{2-1}$$

式中，$m\geqslant 1$，m 称为加权指数，在式(2-1) 中，样本 $\boldsymbol{x}_k$ 与第 i 类的聚类原型 $\boldsymbol{v}_i$ 之间的距离 d_{ik} 的表达式为：

$$(d_{ik})^2=\|\boldsymbol{x}_k-\boldsymbol{v}_i\|_{\boldsymbol{A}}^2=(\boldsymbol{x}_k-\boldsymbol{v}_i)^{\mathrm{T}}\boldsymbol{A}(\boldsymbol{x}_k-\boldsymbol{v}_i) \tag{2-2}$$

式中，$\boldsymbol{A}$ 为对称正定矩阵，当 $\boldsymbol{A}$ 为单位矩阵时，式(2-2) 称为欧几里得（欧式）距离。

聚类的原则是为了取目标函数的最小值：

$$\min\{J_m(U,V)\}=\min\left\{\sum_{k=1}^{n}\sum_{i=1}^{c}(\mu_{ik})^m(d_{ik})^2\right\} \tag{2-3}$$

其中 $\sum_{i=1}^{c}\mu_{ik}=1$，然后利用拉格朗日乘数法来求极值 J_m。

$$J_m=\sum_{i=1}^{c}(\mu_{ik})^m(d_{ik})^2+\lambda\left(\sum_{i=1}^{c}\mu_{ik}-1\right) \tag{2-4}$$

J_m 取得极值的条件为：

$$\begin{cases} \dfrac{\partial J_m}{\partial \mu_{ik}}=0 \\ \dfrac{\partial J_m}{\partial v_k}=0 \\ \sum_{i=1}^{c}\mu_{ik}=1 \end{cases} \tag{2-5}$$

考虑 d_{ik} 可能为 0 的情形，定义集合 $\boldsymbol{I}_i$ 和$\overline{\boldsymbol{I}_i}$，对 $\forall i$ 有 $\boldsymbol{I}_i=\{k\mid 1\leqslant k\leqslant c, d_{ik}=0\}$，$\overline{\boldsymbol{I}_i}=\{1,2,\cdots,c\}-\boldsymbol{I}_i$，由拉格朗日乘数法求得 J_m 取最小值时的对应解集为：

$$\begin{cases} \mu_{ik}=\dfrac{1}{\sum_{j=1}^{c}\left(\dfrac{d_{ik}}{d_{ij}}\right)^{\frac{2}{m-1}}}=\dfrac{1}{\sum_{j=1}^{c}\left(\dfrac{\|\boldsymbol{x}_i-\boldsymbol{v}_k\|}{\|\boldsymbol{x}_i-\boldsymbol{v}_j\|}\right)^{\frac{2}{m-1}}} & \boldsymbol{I}_i=\phi \\ \mu_{ik}=0,\forall k\in\overline{\boldsymbol{I}_i},\quad \sum_{k\in I_i}\mu_{ik}=1 & \boldsymbol{I}_i\neq\phi \end{cases} \tag{2-6}$$

$$v_k = \frac{\sum_{i=1}^{n} (\mu_{ik})^m x_i}{\sum_{i=1}^{n} (u_{ik})^m} \quad \forall k, k=1,2,\cdots,c \tag{2-7}$$

(2) 模糊C-均值聚类算法步骤及流程

基于上述模糊C-均值聚类算法的基本原理，模糊C-均值聚类算法的运行步骤如下：

① 首先确定聚类数目 c（$2 \leqslant c \leqslant n$，$n$ 为数据的个数）和模糊加权指数 m（$m \geqslant 1$），设置迭代次数 b 和迭代停止阈值ε，初始化聚类中心 $\boldsymbol{V}^{(0)}$；

② 然后计算或更新模糊划分矩阵 $\boldsymbol{U}^{(b)}$；

$$\mu_{ik}^{(b)} = \frac{1}{\sum_{j=1}^{c} \left[\frac{\| \boldsymbol{x}_i - \boldsymbol{v}_k^{(b-1)} \|}{\| \boldsymbol{x}_i - \boldsymbol{v}_j^{(b-1)} \|} \right]^{\frac{2}{m-1}}} \tag{2-8}$$

③ 其次用模糊划分矩阵 $\boldsymbol{U}^{(b)}$ 更新聚类中心 $\boldsymbol{V}^{(b+1)}$；

$$\boldsymbol{v}_k^{(b+1)} = \frac{\sum_{i=1}^{n} [\mu_{ik}^{(b)}]^m \boldsymbol{x}_i}{\sum_{i=1}^{n} [\mu_{ik}^{(b)}]^m} \quad \forall k, k=1,2,\cdots,c \tag{2-9}$$

④ 最后判断算法是否终止，若 $\| \boldsymbol{U}^{(b)} - \boldsymbol{U}^{(b+1)} \| < \varepsilon$，则算法终止；否则令迭代次数 $b=b+1$，返回步骤②。

2.1.2 云制造资源模糊分类问题描述

(1) 云制造资源概述

研究云制造资源是为了使企业闲置的制造资源得以合理配置，以满足不同企业对制造资源的不同需求。因为制造资源在云制造研究中占据着非常重要的地位，如何对制造资源进行合理的描述或定义，需要根据制造资源的应用目的和使用范围来确定。云制造资源可以按照狭义和广义条件下的制造资源来区分，狭义制造资源是指所有参与制造加工过程的设备制造资源；广义制造资源是指产品全生命周期中所有涉及的硬资源（设备、物料等）和软资源（计算机、人力、信息等）的总称。因此，在广义环境下制造资源的定义得到了提升，包含的范围已经由原来的底层制造资源上升到更加广泛的云端资源。云制造资源可以定义为产品制造全生命周期中可以发挥作用并且完成所有与之相关生产制造活动所涉及的硬资源、软资源、人力资源等各类资源的总称。

（2）云制造资源特点

云制造环境下的制造资源有着不同于常规环境下制造资源的特点。

① 离散性和集中性。在云制造环境下，制造资源并不总是集中的，由于大部分资源都来自于中小型企业，所以它们分布在不同的地理位置和企业当中，可以看出云制造资源具有离散性；这些离散的资源通过云端服务聚合，当用户使用这类资源时，看起来又都是集中归类的，只不过是归属于不同的企业，故而体现出集中性。

② 多样性和突变性。云制造资源不仅种类庞大繁多，而且归属于各地不同的企业之中，不同的企业和用户有着不同的需求，云端制造资源也在时刻变化着，以便用户能够在最短的时间内根据市场变化做出选择。例如：之前云制造平台上可用的制造资源可能由于资源提供商改变资源需求等原因变得不能再用，或者是根据用户需求添加了新的制造资源，体现出制造资源的突变性。

（3）云制造资源分类

云制造资源是指在产品制造全生命周期内所需要的各种物理要素以及所涉及的各种资源的总称。根据制造资源的存在形式和使用途径，云制造资源可以分为设备资源（与零件加工过程最为紧密的一类资源），物料资源（零件加工时涉及的原材料、毛坯、半成品以及成品等），人力资源（负责整个产品加工过程中的必要指导，监督和管理），软件资源（产品加工的整个生命周期内所用到的计算机软件）和技术信息资源（零件产品的加工过程中产生的或者得知的一类资源，可以对零件的加工起到实时的指导作用）。云制造资源分类详见图 2-1。

① 设备资源：指与零件加工过程最直接相关的资源，可以分为机床类、刀具类、夹具类、量具类和其他设备类。其中机床类还可以细分为车床类、钻床类、铣床类、磨床类、镗床类、刨床类、齿轮加工机床类和其他机床类等；刀具类还可以细分为车刀类、铣刀类、拉刀类、钻头类、砂轮类、齿轮

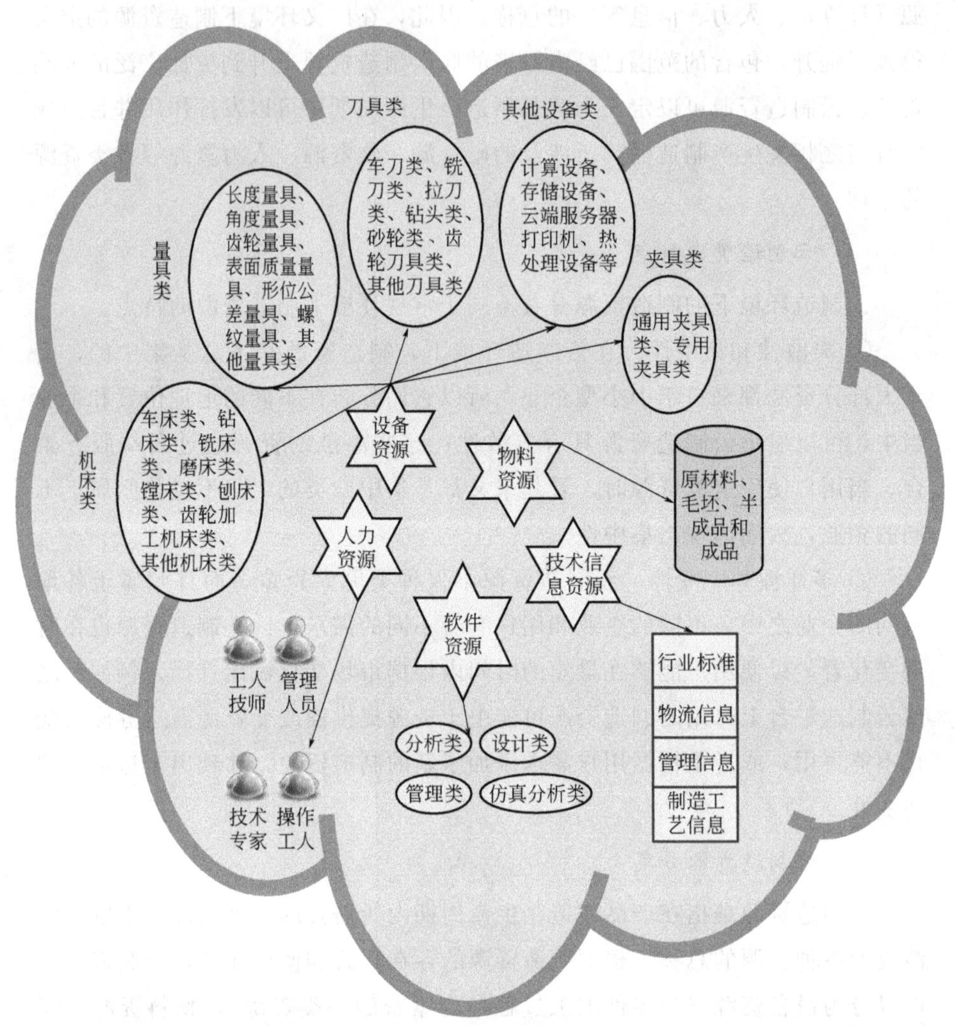

图 2-1 云制造资源分类

刀具类和其他刀具类等；夹具类可以细分为通用夹具类和专用夹具类；量具类可以细分为长度量具、角度量具、齿轮量具、表面质量量具、形位公差量具、螺纹量具和其他量具类等；其他设备类主要有计算设备、储存设备、打印机、扫描仪、云端服务器和热处理设备等。

② 物料资源：指加工零件产品时所用到的相关材料，包括毛坯、原材料、半成品和成品等。

③ 人力资源：指对零件产品加工过程起指导、监督和管理等作用的人员，包括技术专家、操作工人、工人技师和管理人员。

④ 软件资源：指产品加工的全生命周期内所涉及的计算机资源，包括设计类（AutoCAD、Catia、UG 等）、分析类（Ansys、Matlab、Adams 等）、仿真模拟类（Matlab、Adams、Flexsim、Labview 等）、管理类（ERP、MRP、OA、MRPⅡ等）。

⑤ 技术信息资源：指产品加工过程中产生的或者得知的一类信息资源，对产品的加工起指导的作用，包括行业标准、制造工艺信息、物流信息和管理信息等。

2.1.3 云制造资源模糊分类建模

(1) 云制造资源特征属性

为了对云制造资源进行模糊分类研究，需要将云制造资源的评价属性指标提取出来，为制造资源特征向量的建立提供基础条件。根据现存云制造资源的研究现状、特点和分类，以及加工零件产品时的加工特征，得到制造资源的特征属性评价指标如下。

① 设备资源类：平面类、曲面类、孔类、槽类、螺纹类、齿轮类、型腔类、台阶类，为了考虑设备的总体尺寸和设备能否用于精加工对分组的影响，将设备资源是否能加工大中型零件和是否可用于精加工也考虑进去。

② 物料资源类：物料总成本（包括物料的直接成本、运输成本、存储成本），物料从供应商到达工厂的时间，商家信誉度和物料的等级。

③ 人力资源类：人员学历、人员知名度、人员级别、人员的成果著作和人员聘请费用。

④ 软件资源类：软件的分析能力、软件使用费用和软件自身的稳定性。

⑤ 技术信息资源类：技术信息来源的可靠程度、到达时间和使用费用。

(2) 基于模糊聚类算法的制造资源建模

为了实现云制造资源的模糊分类，对云制造资源和资源评价指标采用模糊聚类算法（FCM）建立模糊分类模型。假设共有 n 个制造资源和 s 个评价指标（包括加工特征和评价属性），将这些资源分成 c 组，则分类结果可以用矩阵 $\boldsymbol{U}$ 表示：

$$U_{c\times n}=\begin{bmatrix} u_{11} & u_{12} & \cdots & u_{1n} \\ u_{21} & u_{22} & \cdots & u_{2n} \\ \vdots & \vdots & \ddots & \vdots \\ u_{c1} & u_{c2} & \cdots & u_{cn} \end{bmatrix} \tag{2-10}$$

式中，$0\leqslant u_{ki}\leqslant 1$，$k=1，2，3，\cdots，c$；$i=1，2，3，\cdots，n$；$\sum_{k=1}^{c}u_{ki}=1$；$\sum_{i=1}^{n}u_{ki}>0$。

在零件的加工过程中，由于要加工的零件不同和它们加工特征的要求不同，即使是同一种特征属性，也可能会用到不同的制造资源。这里对各类资源建立基于评价指标的向量：

$$\boldsymbol{X}_i=[x_{i1},x_{i2},\cdots,x_{is}],i=1,2,\cdots,n \tag{2-11}$$

式中，$x_{ip}=\begin{cases}1 & \text{制造资源 } i \text{ 可以加工特征 } p \\ 0 & \text{制造资源 } i \text{ 不可以加工特征 } p\end{cases}$ $p=1，2，\cdots，t$（t 为加工特征数量）

或

$x_{ip}=\begin{cases}1 & \text{制造资源 } i \text{ 可以加工大中型零件} \\ 0 & \text{制造资源 } i \text{ 不可以加工大中型零件}\end{cases}$ $p=t+1$（t 为加工特征数量）

或

$x_{ip}=\begin{cases}1 & \text{制造资源 } i \text{ 可以用于精加工} \\ 0 & \text{制造资源 } i \text{ 不可以用于精加工}\end{cases}$ $p=t+2$（t 为加工特征数量）

或

$x_{ip}=\begin{cases}2 & \text{制造资源 } i \text{ 属性值高} \\ 1 & \text{制造资源 } i \text{ 属性值中} \\ 0 & \text{制造资源 } i \text{ 属性值低}\end{cases}$ $p=t+3，t+4，\cdots，s$（t 为加工特征数量）

按照制造资源特征属性评价指标：平面类、曲面类、孔类、槽类、螺纹类、齿轮类、型腔类、台阶类、大中型零件、精加工、物料总成本、物料到达时间、物料等级、商家信誉度、人员学历、人员知名度、人员等级、人员成果、人员聘请费用、软件分析能力、软件稳定性、软件使用费用、信息可靠程度、信息到达时间和信息费用构建特征向量。评价指标为 25 个，即 s 为 25，加工特征为 8 类，即 t 为 8。假设某镗铣床可以加工平面、槽、孔、大中型零件和精加工，则可以表示为 $\boldsymbol{X}_i=$ [1 0 1 1 0 0 0 0 1 1 0 0 0 0 0 0

0 0 0 0 0 0 0 0]；有某物料总成本高，供应商信誉度高，到达时间却很长（属性值低），该种物料可以加工各个特征类，则可以用特征向量 $\boldsymbol{X}_i$ = [1 1 1 1 1 1 1 1 1 1 2 0 0 2 0 0 0 0 0 0 0 0 0 0 0] 表示，特征如表 2-1 所示。

表 2-1　制造特征

制造特征	平面类	曲面类	孔类	槽类	螺纹类	齿轮类	型腔类	台阶类	大中型零件	精加工	物料总成本	物料到达时间	物料等级	商家信誉度	人员学历	人员知名度	人员等级	人员成果	人员聘请费	软件分析能力	软件稳定性	软件使用费	信息可靠度	信息到达时间	信息费用
镗铣床物料	1	0	1	1	0	0	0	0	1	1	0	0	0	0	0	0	0	0	0	0	0	0	0	0	0
	1	1	1	1	1	1	1	1	1	1	2	0	0	2	0	0	0	0	0	0	0	0	0	0	0

2.2 制造资源模糊分类仿真

2.2.1 遗传模拟退火混合算法简介

（1）遗传算法

遗传算法（Genetic Algorithms，GA）是由美国 Michigan 大学 Holland 教授提出的模拟生物进化的一种随机仿生优化算法。遗传算法包括构造适应度函数、编码、遗传算子三个主要内容。其中适应度函数是衡量个体优劣的标尺，在具体应用时根据不同的问题设定不同的适应度函数，这是遗传算法的核心内容；编码是把实际问题的解空间向遗传算法的搜索空间转换的一种方法，编码的目的是把实际问题转换成遗传算法可识别的语言，编码主要包括二进制编码、符号编码和浮点数编码等；遗传算子主要包括选择算子、交叉算子和变异算子，遗传算子不断遗传使得个体不断寻优，从而得到最优解。

遗传算法的步骤为：

① 随机初始化种群；

② 计算个体的适应度；

③ 按照对应的概率分别执行选择、交叉和变异算子；

④ 判断算法是否终止，若满足停止条件，则输出最优解，否则返回步骤②。

(2) 模拟退火算法

Metropolis 等人提出模拟退火算法（Simulated Annealing，SA），后来 Kirkpatrick 等人将固体退火降温的思想成功引入组合优化问题理论中，使模拟退火算法更加完善。

模拟退火算法的步骤为：

① 设定控制参数：初始温度、终止温度、降温速率和链长；

② 产生初始解；

③ 解变换生成新解；

④ 执行 Metropolis 准则；

⑤ 降温，若当前温度小于终止温度，则输出最优解，否则返回步骤②。

(3) 遗传模拟退火混合算法

遗传模拟退火算法是以遗传算法为主、模拟退火算法为辅，实现新的寻优方式和途径，兼具遗传和模拟退火的优点（全局寻优和局部寻优能力）。将二者结合可以增强寻优搜索过程中的寻优能力，即：与模拟退火算法相比可以避免陷入局部极值，与遗传算法相比可以预防算法过早收敛和提高局部寻优能力。

混合算法的步骤为：

① 初始化各类相关控制参数：种群、交叉和变异概率、初始和终止温度；

② 进行选择、交叉和变异等遗传操作；

③ 进行模拟退火降温操作；

④ 判断算法是否终止，若满足停止条件，则输出最优解，否则返回步骤②。

2.2.2 基于遗传模拟退火算法的制造资源模糊分类方法

将遗传模拟退火混合算法和模糊 C-均值聚类算法相结合用于云制造资源的模糊分类问题，可以互相取长补短，更好地解决聚类问题。为了解决云制造资源的模糊分类问题，采用内外层嵌套循环的混合算法进行求解，外层循环采用简单遗传算法得到最佳分类数目，内层循环采用基于遗传模拟退火的模糊聚类算法得到最佳分类数对应的模糊分类结果。

(1) *内层循环*

内层循环采用基于遗传模拟退火的模糊聚类算法得到分类数 c 下的全局最优解，也就是最优分类结果，具体实现步骤如下。

① 染色体编码：为了把实际问题转化为遗传算法可识别语言，根据模糊分类问题的描述情形，采用浮点编码方式，设每条染色体由 c 个聚类中心组成，每个聚类中心由 s 个评价因素构成，即一条染色体是 $c\times s$ 的浮点码串 $\boldsymbol{ch}$，见式(2-12)。

$$\boldsymbol{ch}=\{v_{11},v_{12},\cdots,v_{1s},v_{21},v_{22},\cdots,v_{2s},\cdots,v_{c1},v_{c2},\cdots,v_{cs}\} \tag{2-12}$$

② 适应度函数构造：适应度函数作为衡量个体优劣的标尺函数，对模糊聚类的实现起着重要作用。聚类效果的好坏，取决于 FCM 的目标损失函数 J_m 和类间距 D 的取值，目标损失函数 J_m 越小，类间距 D 越大，聚类效果越好。适应度函数构造如式(2-13) 所示。

$$f=\frac{D}{J_m(U,V)+1} \tag{2-13}$$

式中，f 为适应度函数值；$J_m(U,V)$ 是 FCM 目标损失函数；D 为各聚类中心之间距离的平均值，如式(2-14) 所示。

$$D=\frac{\sum_{i=1}^{c}\sum_{j=1}^{c}\|\boldsymbol{v}_i-\boldsymbol{v}_j\|}{c}=\frac{1}{c}\left(\sum_{i=1}^{c}\sum_{j=1}^{c}|\boldsymbol{v}_i-\boldsymbol{v}_j|^2\right)^{\frac{1}{2}} \tag{2-14}$$

式中，$\boldsymbol{v}_i$，$\boldsymbol{v}_j$ 表示聚类中心。

③ 选择算子：采用最优个体保存策略和没有回放次数的随机选择相结合的混合算子，无回放余数随机选择策略的优点是可以确保适应度函数值较

好的个体能够遗传到子代里，而最优个体保存策略的优点是可以保证遗传算法的全局收敛性，提高搜索效率。

④ 交叉算子：由于编码方式采用的是浮点数编码，需要经过交叉产生新的子代个体，故采用算术交叉（这里采用均匀算术交叉），假设两个个体 $\boldsymbol{ch}_1$ 和 $\boldsymbol{ch}_2$ 经过交叉后得到的新个体分别为。

$$\boldsymbol{ch}_1' = \alpha \boldsymbol{ch}_2 + (1-\alpha)\boldsymbol{ch}_1 \tag{2-15}$$

$$\boldsymbol{ch}_2' = \alpha \boldsymbol{ch}_1 + (1-\alpha)\boldsymbol{ch}_2 \tag{2-16}$$

式中，$\alpha = \begin{cases} \text{常数}\ (\alpha < 1) & \text{均匀算术交叉} \\ \text{变量（由迭代次数决定）} & \text{非均匀算术交叉} \end{cases}$

⑤ 变异算子：对子代个体按照某个特定的变异概率，使个体身上的某个或者某些基因发生突变，产生变异算子。

⑥ 模拟退火操作：对经过上述③④⑤操作后产生的个体进行模拟退火操作。这里将适应度函数值作为模拟退火算法中的能量，由于模拟退火操作是以目标函数取最小值为目标的优化问题，而遗传算法是以适应度函数取最大值为目标的优化问题，故将 Meteoplis 准则条件适当调整，使之能够解决求取最大值问题，调整方式为：若 $f_i' > f_i$，则接受新个体，舍弃旧个体；若 $f_i' \leqslant f_i$，以概率 $P = \exp\left(-\frac{f_i' - f_i}{T}\right)$ 接受新个体，舍弃旧个体。其中，f_i 是旧个体的适应度值，f_i' 是新个体的适应度值，T 是指热力学温度。

（2）外层循环

外层循环主要采用简单遗传算法（GA）来动态确定最佳分类数目 c。

① 染色体编码：由于二进制编码比较简单，根据所要分组数目的最大分类数 $c_{\max}$ 和最小分类数 $c_{\min}$ 来确定编码的长度

$$l = \text{int}\{\log_2[1 + (c_{\max} - c_{\min})/h_{\min}] + 1\} \tag{2-17}$$

式中，$h_{\min}$ 为最小搜索精度，一般提前设定。

② 适应度函数构造：这里仍然是类间距 D 越大，目标损失函数 J_m 越小，得到的聚类效果越好，适应度函数如式(2-18) 所示，其中 K 为调整系数。

$$f = \frac{DK}{J_m(U,V) + 1} \tag{2-18}$$

③ 选择、交叉、变异算子：选择算子的采用与内层循环相同；交叉和变异算子分别采用单点交叉和基本位变异操作。

综合内层循环和外层循环的具体步骤可知，混合算法的流程如图 2-2 所示，左侧为外层循环，右侧为内层循环，二者互相嵌套完成运算。

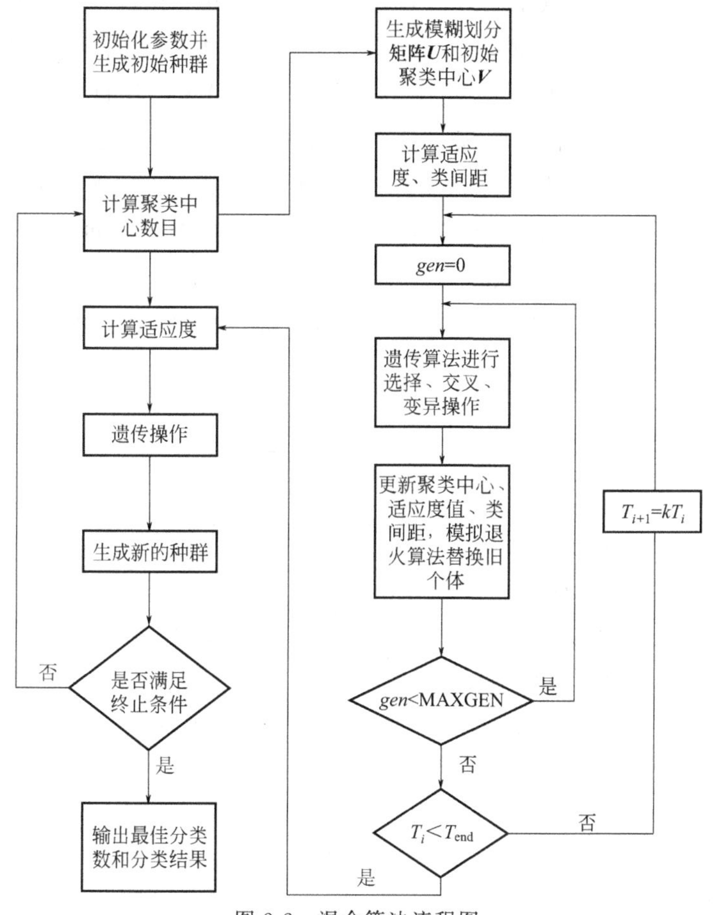

图 2-2　混合算法流程图

2.2.3 仿真实例分析

为了验证该混合算法的有效性，采用 Matlab 软件编程，编制制造资源模糊分类软件。以云环境下 45 类制造资源模糊分组为例，用户可以根据需求设置运行参数，这里设外层循环和内层循环的群体个数分别为 50 和 100，交叉概率和变异概率分别为 0.7 和 0.01，迭代次数为 100，初始温度为 100，终止温度为 50，冷却系数为 0.8。为了方便观察和统计，将特征和资源属性用字母表示，其中制造资源能加工的特征和属性包括：平面类 PM、曲面类 QM、孔类 K、槽类 C、螺纹类 LW、齿轮类 CL、型腔类 XQ、台阶类 TJ、大中型零件 DA、精加工 J、物料总成本 WC、物料到达时间 WS、物料等级 WD、商家信誉度 SX、人员学历 XL、人员知名度 ZM、人员等级 DJ、人员成果 CG、人员聘请费用 RF，软件分析能力 FX，软件稳定性 WDX、软件使用费用 FY、信息可靠程度 KK、信息到达时间 JS、信息使用费用 JF。假定 45 类制造资源能加工特征及属性如表 2-2 所示，其中编号为 26～45 的资源均可以加工特征类，其他评价属性分别用低 DI、中 Z、高 G 表示。

表 2-2　制造资源特征及属性

编号	制造资源	特征和属性	特征向量
1	机床 1	PM、QM、CL	[1 1 0 0 0 1 0 0 0 0 0 0 0 0 0 0 0 0 0 0 0 0 0 0 0]
2	机床 2	PM、QM、LW、J	[1 1 0 0 1 0 0 0 0 1 0 0 0 0 0 0 0 0 0 0 0 0 0 0 0]
3	机床 3	PM、K、DA、J	[1 0 1 0 0 0 0 0 1 1 0 0 0 0 0 0 0 0 0 0 0 0 0 0 0]
4	机床 4	QM、K、LW、XQ、DA	[0 1 1 0 1 0 1 0 1 0 0 0 0 0 0 0 0 0 0 0 0 0 0 0 0]
5	机床 5	PM、DA、J	[1 0 0 0 0 0 0 1 1 0 0 0 0 0 0 0 0 0 0 0 0 0 0 0 0]
6	机床 6	C、CL、XQ、J	[0 0 0 1 0 1 1 0 1 0 0 0 0 0 0 0 0 0 0 0 0 0 0 0 0]
7	机床 7	PM、J	[1 0 0 0 0 0 0 0 0 1 0 0 0 0 0 0 0 0 0 0 0 0 0 0 0]
8	机床 8	QM、DA	[0 1 0 0 0 0 0 0 1 0 0 0 0 0 0 0 0 0 0 0 0 0 0 0 0]
9	机床 9	K、TJ、J	[0 0 1 0 0 0 1 0 0 1 0 0 0 0 0 0 0 0 0 0 0 0 0 0 0]
10	机床 10	C、TJ、J	[0 0 0 1 0 0 0 1 0 1 0 0 0 0 0 0 0 0 0 0 0 0 0 0 0]
11	刀具 1	PM、C、TJ、J	[1 0 0 1 0 0 0 1 0 1 0 0 0 0 0 0 0 0 0 0 0 0 0 0 0]
12	刀具 2	QM、K、XQ、DA	[0 1 1 0 0 0 1 0 1 0 0 0 0 0 0 0 0 0 0 0 0 0 0 0 0]
13	刀具 3	PM、QM、C、CL、J	[1 1 0 1 0 1 0 0 0 1 0 0 0 0 0 0 0 0 0 0 0 0 0 0 0]
14	刀具 4	QM、LW、CL、J	[0 1 0 0 1 1 0 0 0 1 0 0 0 0 0 0 0 0 0 0 0 0 0 0 0]
15	刀具 5	PM、K、XQ、TJ、DA	[1 0 1 0 0 0 1 1 1 0 0 0 0 0 0 0 0 0 0 0 0 0 0 0 0]
16	夹具 1	LW	[0 0 0 0 1 0 0 0 0 0 0 0 0 0 0 0 0 0 0 0 0 0 0 0 0]
17	夹具 2	PM、C、TJ	[1 0 0 1 0 0 0 1 0 0 0 0 0 0 0 0 0 0 0 0 0 0 0 0 0]
18	夹具 3	QM、K、DA	[0 1 1 0 0 0 0 0 1 0 0 0 0 0 0 0 0 0 0 0 0 0 0 0 0]

续表

编号	制造资源	特征和属性	特征向量
19	夹具 4	QM、CL、J	[0 1 0 0 0 1 0 0 0 1 0 0 0 0 0 0 0 0 0 0 0 0 0 0 0]
20	夹具 5	CL	[0 0 0 0 0 1 0 0 0 0 0 0 0 0 0 0 0 0 0 0 0 0 0 0 0]
21	量具 1	PM、TJ、J	[1 0 0 0 0 0 0 1 0 1 0 0 0 0 0 0 0 0 0 0 0 0 0 0 0]
22	量具 2	C、XQ、J	[0 0 0 1 0 0 1 0 0 1 0 0 0 0 0 0 0 0 0 0 0 0 0 0 0]
23	量具 3	QM、K	[0 1 1 0 0 0 0 0 0 0 0 0 0 0 0 0 0 0 0 0 0 0 0 0 0]
24	量具 4	CL	[0 0 0 0 0 1 0 0 0 0 0 0 0 0 0 0 0 0 0 0 0 0 0 0 0]
25	量具 5	PM、K	[1 0 1 0 0 0 0 0 0 0 0 0 0 0 0 0 0 0 0 0 0 0 0 0 0]
26	物料 1	WCDI、WSDI、WDDI、SXG	[1 1 1 1 1 1 1 1 1 1 0 0 0 2 0 0 0 0 0 0 0 0 0 0 0]
27	物料 2	WCZ、WSDI、WDG、SXZ	[1 1 1 1 1 1 1 1 1 1 1 0 2 1 0 0 0 0 0 0 0 0 0 0 0]
28	物料 3	WCG、WSZ、WDZ、SXZ	[1 1 1 1 1 1 1 1 1 1 2 1 1 1 0 0 0 0 0 0 0 0 0 0 0]
29	物料 4	WCG、WSG、WDZ、SXG	[1 1 1 1 1 1 1 1 1 1 2 2 1 2 0 0 0 0 0 0 0 0 0 0 0]
30	物料 5	WCZ、WSZ、WDG、SXZ	[1 1 1 1 1 1 1 1 1 1 1 2 1 0 0 0 0 0 0 0 0 0 0 0 0]
31	人员 1	XLDI、ZMDI、DJZ、CGZ、RFDI	[1 1 1 1 1 1 1 1 1 1 0 0 0 0 0 0 1 1 0 0 0 0 0 0 0]
32	人员 2	XLZ、ZMDI、DJZ、CGZ、RFDI	[1 1 1 1 1 1 1 1 1 1 0 0 0 0 1 0 1 1 0 0 0 0 0 0 0]
33	人员 3	XLG、ZMZ、DJZ、CGZ、RFZ	[1 1 1 1 1 1 1 1 1 1 0 0 0 0 2 1 1 1 1 0 0 0 0 0 0]
34	人员 4	XLDI、ZMZ、DJG、CGZ、RFG	[1 1 1 1 1 1 1 1 1 1 0 0 0 0 0 1 2 1 2 0 0 0 0 0 0]
35	人员 5	XLG、ZMG、DJG、CGZ、RFG	[1 1 1 1 1 1 1 1 1 1 0 0 0 0 2 2 2 1 2 0 0 0 0 0 0]
36	软件 1	FXG、WDXG、FYG	[1 1 1 1 1 1 1 1 1 1 0 0 0 0 0 0 0 0 0 2 2 2 0 0 0]
37	软件 2	FXZ、WDXG、FYZ	[1 1 1 1 1 1 1 1 1 1 0 0 0 0 0 0 0 0 0 1 2 1 0 0 0]
38	软件 3	FXZ、WDXG、FYDI	[1 1 1 1 1 1 1 1 1 1 0 0 0 0 0 0 0 0 0 1 2 0 0 0 0]
39	软件 4	FXDI、WDXZ、FYDI	[1 1 1 1 1 1 1 1 1 1 0 0 0 0 0 0 0 0 0 0 1 0 0 0 0]
40	软件 5	FXDI、WDXZ、FYZ	[1 1 1 1 1 1 1 1 1 1 0 0 0 0 0 0 0 0 0 0 1 1 0 0 0]
41	技术信息 1	KKDI、JSZ、JFDI	[1 1 1 1 1 1 1 1 1 1 0 0 0 0 0 0 0 0 0 0 0 0 0 1 0]
42	技术信息 2	KKDI、JSZ、JFZ	[1 1 1 1 1 1 1 1 1 1 0 0 0 0 0 0 0 0 0 0 0 0 0 1 1]
43	技术信息 3	KKZ、JSZ、JFZ	[1 1 1 1 1 1 1 1 1 1 0 0 0 0 0 0 0 0 0 0 0 0 1 1 1]
44	技术信息 4	KKZ、JSZ、JFDI	[1 1 1 1 1 1 1 1 1 1 0 0 0 0 0 0 0 0 0 0 0 0 1 1 2]
45	技术信息 5	KKG、JSZ、JFDI	[1 1 1 1 1 1 1 1 1 1 0 0 0 0 0 0 0 0 0 0 0 0 2 1 2]

经过模糊分类软件运算后得到模糊聚类目标函数值 J_m、类间距 D 和适应度函数随聚类数目变化的情形，如图 2-3 所示，当分类数为 9 时，外层循环的适应度函数值最大，即最佳分类数为 9，此分类数对应分类结果如表 2-3 所示。从表 2-3 可以看出，第一类和第四类均可以加工平面类和曲面类特征，但是如果要加工大中型零件，直接搜索第一类可以减少搜索时间；第一类和第九类都有人员信息，但是如果企业要求人员为高学历，直接搜索第九类可以减少搜索时间并提高资源的匹配效率，从而实现云制造资源的快速模糊分类。

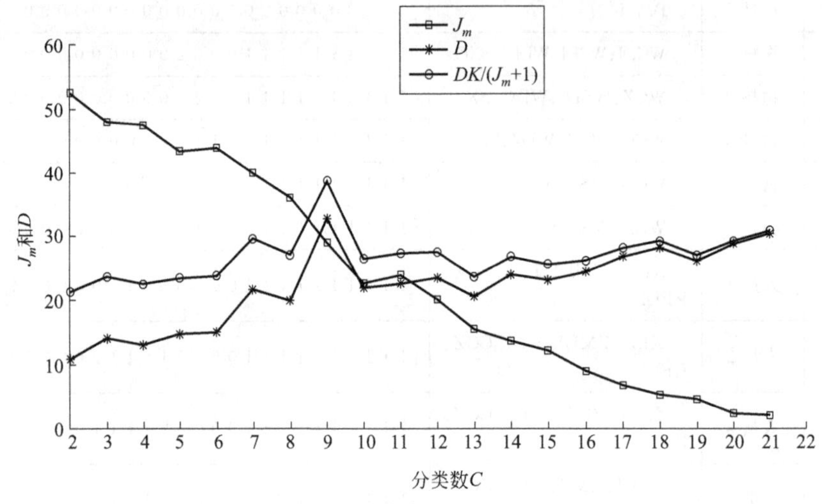

图 2-3 J_m、D、$\frac{DK}{J_m+1}$随分类数 C 的变化曲线

表 2-3 分类结果

分类数	资源编号	所能加工特征和资源属性
1	7、42、13、31、8	(机床)PM、QM、DA、J
		(刀具)C、CL
		(人员)XLDI、ZMDI、DJZ、CGZ、RFDI
		(技术信息)KKD、JSZ、JFZ
2	22、44、18、15、16	(刀具)PM、K、XQ、TJ、DA
		(夹具)LW、QM、K、DA
		(量具)C、XQ、J
		(技术信息)KKZ、JSZ、JFDI

续表

分类数	资源编号	所能加工特征和资源属性
3	39、4、10、26、1	(机床)PM、C、CL、QM、K、LW、XQ、TJ、DA、J
		(物料)WCDI、WSDI、WDDI、SXG
		(软件)FXDI、WDXZ、FYDI
4	38、19、9、2、24	(机床)PM、QM、LW、K、TJ、J
		(夹具)QM、CL、J
		(量具)CL
		(软件)FXZ、WDXG、FYDI
5	34、37、40、28、35	(物料)WCG、WSZ、WDZ、SXZ
		(人员)XLDI/G、ZMZ/G、DJG、CGZ、RFG
		(软件)FXZ/DI、WDXG、FYZ/DI
6	6、11、43、21、27	(机床)C、CL、XQ、J
		(刀具)PM、C、TJ、J
		(量具)PM、TJ、J
		(物料)WCZ、WSDI、WDG、SXZ
		(技术信息)KKZ、JSZ、JFZ
7	12、30、41、23、32	(刀具)QM、K、XQ、DA
		(量具)QM、K
		(物料)WCZ、WSZ、WDG、SXZ
		(人员)XLZ、ZMDI、DJZ、CGZ、RFDI
		(技术信息)KKDI、JSZ、JFDI
8	29、3、17、20、5	(机床)PM、K、DA、J
		(夹具)PM、C、TJ、CL
		(物料)WCG、WSG、WDZ、SXG
9	25、33、14、45、36	(刀具)QM、LW、CL、J
		(量具)PM、K
		(人员)XLG、ZMZ、DJZ、CGZ、RFZ
		(软件)FXG、WDXG、FYG
		(技术信息)KKG、JSZ、JFDI

2.3 本章小结

本章主要对云制造资源进行了模糊分类建模。首先是对云制造资源进行概述，并对云制造资源的特点和分类进行了描述，归纳出了一套适合本书的云制造资源分类（聚类）情形，提取了资源特征属性，建立了基于制造资源特征属性的特征向量，并采用模糊 C-均值聚类算法构建了模糊分类模型。然后构建了一种基于遗传模拟退火算法的模糊分类方法，该方法包括外层循环和内层循环两个嵌套循环，外层循环采用遗传算法求得云制造资源最佳分类数 c，内层循环求得最佳分类数对应的制造资源模糊分类结果。最后用实例进行仿真，验证该方法的有效性。

第3章
云制造环境下制造商优选建模与仿真

近年来，随着制造技术的不断革新，制造商所提供的制造服务不断增多，同时客户的制造要求也越来越多，影响制造商提供制造服务的因素不再局限于成本、时间、可靠性等。与常规环境不同的是，在云制造环境下，充分考虑影响制造商提供制造服务的因素，包括成本、时间、可靠性、企业资产等，并将这些宽泛的因素细化为更多的评价指标。通过这些详细的评价指标可以直观地展现出制造所具备的制造服务能力与制造资源拥有量。通过将云制造平台优选出的制造商反馈给用户，制造商所具备的制造资源将会得到合理匹配，制造能力得到合理利用，提高资源利用率，降低生产成本，提高产品质量，缩短生产周期，促进了制造业的发展。因此，在众多制造商中选择出最优的制造商以满足客户的不同需求，并对各制造商具备的资源与能力进行比较，具有十分重要的意义。

为了使客户的制造要求能够在云制造环境下更好地得到满足，本章建立了云制造环境下制造商优选模型，并提出了一种基于层次分析法、信息熵理论及智能体算法的智能优选方法，该方法能够根据客户的制造需求将符合客户需求的制造商选出，同时能够根据不同需求进行动态调整。

3.1 制造商优选建模

3.1.1 制造商优选问题解析

与常规环境相比，云制造环境下的制造商具有如下特点：

① 离散性与集中性。在云制造环境下，由于大部分制造商分布在不同的地理位置，所以制造商资源并非完全集中，其本身具有很强的离散性；云端将众多离散的制造商资源聚合到一起，当客户有制造需求时，经过聚合的制造商资源是集中归类使用的，只不过这些制造商分散的地理位置不同，故体现出集中性。

② 多样性与突变性。云制造环境下制造商资源是海量的，且这些海量的制造商资源分散在不同的地理位置，且需要面对不同的制造需求，云端的制造商数据也不断地变化，这样可以方便用户可以在短时间内进行调整与改变。

用户向云制造平台发送制造需求后，平台对具备资格的制造商进行选择，并将结果反馈给用户。通过建立的评价指标体系与数学模型，间接实现制造资源与制造能力的评价，指标体系包含了影响制造商服务的因素，不同的客户需求决定了优选结果的不同。智能优化算法的应用可以减少优选时间，提高平台的工作效率，提高系统容错率。将智能体应用于制造商优选中，可以方便云制造平台控制、执行、管理，提高制造商优选的工作速度与信息准确度。制造商智能优选方案设计如图 3-1 所示。

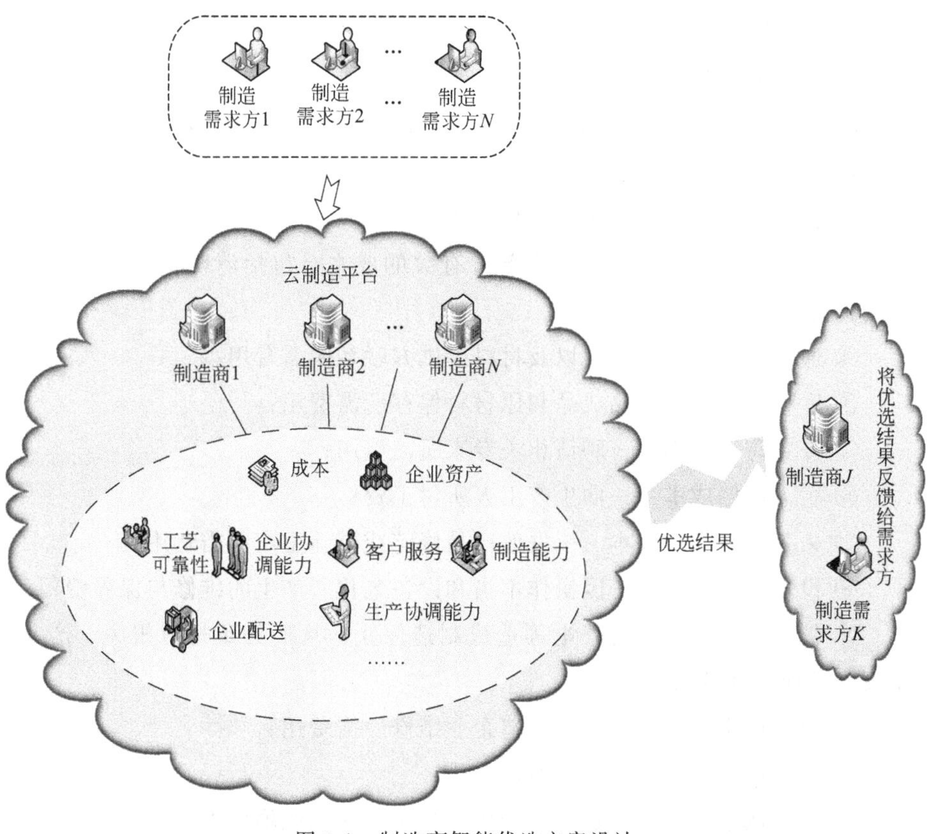

图 3-1　制造商智能优选方案设计

3.1.2 制造商优选评价指标体系

为了实现云制造环境下制造商的智能优选，需要将制造商的评价指标提取出来，为制造商智能优选数学模型的建立提供基础条件。与此同时，在云制造平台中，制造商若想接受制造任务，必须满足客户的制造需求。云制造平台提供优质服务的过程根本上是寻优的过程，因此云制造平台在向客户提供制造商信息时，需要根据制造任务对平台下制造商进行评价，云制造平台选择能够最好满足制造需求的制造商。基于传统情况下制造商的评价指标，结合云制造环境下制造商的特征，得到了由 11 类评价指标组成的制造商智能优选评价指标体系，如下：

（1）成本指标

成本指标的内容为制造产品的全生命周期所需成本及其附加增值。包括：

① 物料成本——产品所需材料的费用；

② 工艺成本——与工艺过程部分有关的成本，包括消耗材料成本、工艺装备折旧成本、设备用电成本；

③ 通信成本——与客户以及材料提供方联系所需费用；

④ 库存成本——产品成品和原材料保存所需费用；

⑤ 专家聘请成本——聘请相关专家所需费用；

⑥ 工人雇佣成本——向生产工人所付工资；

⑦ 失效产品净增成本——失效产品修整或重新生产所需费用；

⑧ 设备维修成本——因操作不当和设备老化所产生的维修与保养费用；

⑨ 停工损失——因为停电等造成制造停止，从而导致材料报废、产品报废，进而增加的成本；

⑩ 返修成本——产品返回制造企业维修所需费用；

⑪ 配送成本——产品配送所需费用；

⑫ 废品成本——生产过程中产生废品所造成的激增成本；

⑬ 产品增值——产品销售之后所产生的净利润。

（2）时间指标

时间指标包含了制造产品全生命周期所需时间。包括：

① 任务反应时间——客户发送任务到制造商接受任务的时间；

② 应急反应时间——遇到突发问题导致生产停止或制造企业处理突发事件至恢复生产所用时间；

③ 设备维修时间——修理损坏的生产机器直至其正常工作的时间；

④ 恢复生产时间——处理突发状况直到恢复正常生产的时间；

⑤ 配送时间——产品送至客户提供地址所用时间；

⑥ 工艺故障平均维修时间——产品工艺故障维修总时间与产品计划维修和非计划维修时间总数之比。

（3）企业资产指标

企业资产指标主要指企业具备的制造资源。包括：

① 设备资源——企业设备拥有量；

② 物料资源——企业生产物料拥有量；

③ 技术资源——解决生产问题有关软件以及硬件知识；

④ 人力资源——企业所拥有的生产与技术人员；

⑤ 设备更新量——生产设备更新数量，包括先进设备的购买以及老旧设备、损坏不能使用设备的更换情况。

（4）生产协调能力指标

生产协调能力指标主要包括生产过程中影响到所制造产品质量的因素。包括：

① 制造技术——企业所具备的生产产品的技术；

② 产品测试——测试生产后的产品能否达到使用要求；

③ 产品性能——产品的使用能力；

④ 产品寿命——产品的使用寿命；

⑤ 产品可靠性——产品在规定的时间内、固定的条件下无故障执行命令的能力；

⑥ 产品安全性—产品被使用过程中，保障使用者健康和身体、财产免于伤害与损失的能力；

⑦ 产品经济性——产品销售创造效益的能力；

⑧ 产品失效分析——通过技术手段或经验，找到造成产品失效原因的

能力；

⑨ 失效产品改进——对失效后的产品进行技术分析，并对该产品进行改进或重新设计的能力。

（5）企业协调能力指标

企业协调能力指标主要指企业应对风险进行调节的能力。包括：

① 市场变化应对能力——企业应对产品价格、材料价格等变化的能力；

② 资金周转——企业资金流转情况。

（6）企业信誉指标

企业信誉指标主要是企业所具有的服务信誉。包括：

① 产品合格率——达到使用要求的产品与产品总量之比；

② 客户满意度——所制造的产品或提供的制造服务能达到客户预期的程度；

③ 订单完成率——实际完成的订单或提供的制造服务与计划中订单的预期或制造服务预期之比；

④ 信用状况——企业的财务状况及信用行为；

⑤ 行业地位——企业在行业里的影响力；

⑥ 合同履约率——实际交货产品与合同规定数额之比。

（7）环保节能指标

环保节能指标主要指制造任务完成过程的能量消耗以及所产生的污染。包括：

① 碳排放——制造商在相关的生产过程中的碳排放；

② 废气主要污染排放——废气中二氧化硫、二氧化氮、烟尘等的排放量；

③ 废水排放——制造商完成制造任务过程中废水的排放量；

④ 固体污染物排放——制造商在完成产品制造或提供制造服务过程中，产生的固体污染物；

⑤ 废品利用量——产品或生产材料废品再利用量。

（8）客户服务能力指标

客户服务能力指标主要指产品售出后企业针对产品的售后能力。包括：

① 产品改进能力——产品规格需要调整或制造要求提高时，对产品的改进；

② 售后能力——销售后产品的维修与保养等；

③ 退换货速度——为客户退货或者换货服务的速度。

(9) 企业配送能力指标

企业配送能力指标是指企业所具备的产品配送的能力。包括：

① 物流资源——包括库存资源、仓储信息资源、仓储管理资源以及交通运输资源；

② 应急配送能力——当仓库库存或者运输出现状况时，制造商解决配送问题的能力；

③ 配送信息更新速度——可以保证配送信息及时传达给客户；

④ 库存周转——可以保证制造商可以快速向客户提供产品。

(10) 工艺可靠性指标

工艺可靠性指标是指在规定的制造时间内以及规定的制造条件下，无故障执行制造工艺的能力。包括：

① 工序能力——处于稳定状态下的加工能力，包括操作者、操作方法、加工机器等在标准条件下，工序呈稳定状态所具有的加工精度；

② 工艺环境——操作者、加工机器等生产产品所处的自然环境与产品加工所的加工环境；

③ 工艺设计能力——根据制造要求在加工时对产品加工工艺的规划能力；

④ 材料选择能力——根据产品的应用要求，对用料进行选择；

⑤ 工艺修正能力——产品加工过程中，工艺出现偏差或故障后调整的能力；

⑥ 工艺稳定性——生产工艺不会因为生产次数的增多而出现过多的错误；

⑦ 工艺循环性——工艺可循环利用，上一类产品加工工艺可以应用到之后同类产品的可能性。

(11) 制造能力指标

制造能力指标是指企业所具备的知识资源与能力。包括：

① 生产设计能力——根据客户的制造要求对整个生产过程的设计与规划；

② 技术改进能力——对制造技术的改进能力；

③ 技术研发能力——研发新产品的能力；

④ 计划执行能力——制造商对整个生产过程规划的执行情况；

⑤ 集成制造能力——制造商通过计算机技术使制造产品全生命周期中的操作单元、产品信息、生产技术等集成运营，实现制造的信息化、制造的智能化、制造的集成化。

将成本指标、时间指标、企业资产指标、生产协调能力指标、企业协调能力指标、企业信誉指标、环保节能指标、客户服务能力指标、企业配送能力指标、工艺可靠性指标、制造能力指标 11 类一级评价指标及其下属的 62 个二级评价指标列表如表 3-1 所示。

表 3-1 制造商智能优选评价指标

一级评价指标	二级评价指标
成本指标	物料成本、工艺成本、通信成本、库存成本、专家聘请成本、工人雇佣成本、失效产品净增成本、设备维修成本、停工损失、返修成本、配送成本、废品成本、产品增值
时间指标	任务反应时间、应急反应时间、设备维修时间、恢复生产时间、配送时间、工艺故障平均维修时间
企业资产指标	设备资源、物料资源、技术资源、人力资源、设备更新量
生产协调能力指标	制造技术、产品测试、产品性能、产品寿命、产品可靠性、产品安全性、产品经济性、产品失效分析、失效产品改进
企业协调能力指标	市场变化应对能力、资金周转
企业信誉指标	产品合格率、客户满意度、订单完成率、信用状况、行业地位、合同履约率
环保节能指标	碳排放、废气主要污染排放、废水排放、固体污染物排放、废品利用量
客户服务能力指标	产品改进能力、售后能力、退换货速度
企业配送能力指标	物流资源、应急配送能力、配送信息更新速度、库存周转
工艺可靠性指标	工序能力、工艺环境、工艺设计能力、材料选择能力、工艺修正能力、工艺稳定性、工艺循环性
制造能力指标	生产设计能力、技术改进能力、技术研发能力、计划执行能力、集成制造能力

评价指标的制订可以体现出云制造平台的全面性，它综合了影响制造商提供制造服务的因素，旨在向客户提供全面、高质量、低成本的制造服务。

3.1.3 制造商优选数学模型建立

通过对云制造商智能优选问题的解析可知，为实现智能优选，需建立多目标优化数学模型。因为传统的优选方案只考虑狭义上的影响因素对制造商选择的影响，具有片面性，云制造环境下制造商的优选需综合考虑广义上影响因素对智能优选的影响。因此，制造商的智能优选不仅与成本、时间、客户服务能力有关，还与企业具备的制造能力、产品产生的能耗等因素有关，此问题可以采用多目标优化数学模型来解决。建立制造商优选数学模型，不同的客户需求会产生不同的优选结果，主要涉及成本、时间、企业资产、生产协调能力、企业协调能力、企业信誉、环保节能、客户服务能力、企业配送能力、工艺可靠性、制造能力 11 类。

根据不同客户对制造任务的不同需求，首先确定承接制造任务的制造商以及相应的任务需求。这里假设参与制造任务的制造商已经确定，将能够参与制造任务的制造商集合，记为：

$$\boldsymbol{Mr}=\{Mr_1,Mr_2,\cdots,Mr_n\} \tag{3-1}$$

对于每个制造商都有 n_i 个评价指标（Evaluation Index，EI）可用来完成该项优选任务，记为：

$$\boldsymbol{EI}=\{EI_1,EI_2,\cdots,EI_{n_i}\} \tag{3-2}$$

其中 n 的值是可变的，对于不同的优选任务来说，可完成该项任务的制造商的数目可以不相同。为满足不同的制造需求，需要将合适的制造商匹配给制造任务，最终将最适合需求的制造商选出。根据需求设计变量 x_j（$i=1$，2，…，k）。当第 j 个制造商满足制造任务需求时，记 x_j 的值为 1，否则记为 0，总体公式表示如下：

$$x_j=\begin{cases}1 & \text{第 } j \text{ 个评价指标满足客户制造需求}\\ 0 & \text{其余情况}\end{cases} \tag{3-3}$$

设计变量在具体使用时，若需要对制造商的一级评价指标中的二级指标进行判断时，则要对设计变量进行调整。调整后的设计变量为：

$$x_{jk}=\begin{cases}1 & \text{第 } j \text{ 个评价指标中的第 } k \text{ 个评价指标满足客户制造需求}\\ 0 & \text{其余情况}\end{cases}$$

在完成多目标函数的设定后，需要分别对成本、时间、生产协调能力、企业协调能力、企业资产、企业信誉、环保节能、客户服务能力、企业配送能力、工艺可靠性和制造能力评价指标等影响因素设计函数模型。

（1）成本指标目标函数

$$f_1(x)=C_1+C_2+\cdots C_m=\max(-C)+\max C_{13}$$

$$= \sum_{p=1}^{m}(-C_{1p}x_{1p}) + C_{113}x_{113} \quad (3\text{-}4)$$

式中，C_{1p} 表示制造商智能优选过程中制造商完成制造任务的成本，此时一阶评价指标 $j=1$，其中 $p=1$，2，…，$m(m=12)$，表示成本指标下的各二阶评价指标（物料成本、配送成本、工艺成本等）。C_{113} 为产品增值二阶指标，成本目标函数的求解为求所需成本最少，产品增值指标的求解为求制造产品增值最大，总的目标函数的求解为求解最大值问题，为求统一，除产品增值指标外其余指标取负。

(2) 时间指标目标函数

$$f_2(x) = T_1 + T_2 + \cdots + T_m = \max(-T) = \sum_{p=1}^{m}(-T_{2p}x_{2p}) \quad (3\text{-}5)$$

式中，T_{2p} 表示制造商优选过程中制造商完成制造任务所需时间，此时一阶评价指标 $j=2$，其中 $p=1$，2，…，$m(m=6)$，表示评价指标体系中时间指标下的各二阶评价指标（任务反应时间、应急反应时间、设备维修时间等）。时间指标目标函数为求解制造所需时间越少，所以是求解最小值问题，由于总体的目标函数总体为求最大值问题，故时间指标目标函数取负。

(3) 企业资产指标目标函数

$$f_3(x) = \max A = A_1 + A_2 + \cdots + A_m = \sum_{p=1}^{m} A_{3p}x_{3p} \quad (3\text{-}6)$$

式中，A_{3p} 表示制造商优选过程中制造商所具备的企业资产，此时一阶评价指标 $j=3$，其中 $p=1$，2，…，$m(m=5)$，表示评价指标体系中企业资产指标下的各二阶评价指标（设备资源、物料资源、设备更新量等）。企业资产指标目标函数的求解为所需企业资产越大越好，所以企业资产指标的目标函数的求解为求解最大值问题。

(4) 生产协调能力指标目标函数

$$f_4(x) = \max PC = PC_1 + PC_2 + \cdots + PC_m = \sum_{p=1}^{m} PC_{4p}x_{4p} \quad (3\text{-}7)$$

式中，PC_{4p} 表示制造商优选过程中制造商所具备的生产协调能力，此时一阶指标 $j=4$，其中 $p=1$，2，…，$m(m=9)$，表示生产协调能力指标下的各二阶评价指标（制造技术、产品测试、产品性能、产品寿命等）。生产协调能力指标目标函数的求解为所需制造商完成制造任务过程制造技术、产品性能、产品寿命等指标越大越好，所以生产协调能力指标目标函数的求解为求解最大值问题。

（5）企业协调能力指标目标函数

$$f_5(x)=\max EC=EC_1+EC_2=\sum_{p=1}^{2}EC_{5p}x_{5p} \tag{3-8}$$

式中，EC_{5p} 表示制造商优选过程中制造商所具备的企业协调能力，此时一阶指标 $j=5$，其中 $p=1$，2，…，$m(m=2)$，表示评价指标体系中企业协调能力指标下的各二阶评价指标（市场变化应对能力、资金周转）。企业协调能力指标目标函数的求解为所需制造商完成制造任务过程市场变化应对能力、资金周转指标越大越好，所以目标函数的求解为求解最大值问题。

（6）企业信誉指标目标函数

$$f_6(x)=\max EP=EP_1+EP_2+\cdots+EP_m=\sum_{p=1}^{m}EP_{6p}x_{6p} \tag{3-9}$$

式中，EP_{6p} 表示制造商优选过程中制造商所具备的企业信誉，此时一阶指标 $j=6$，其中 $p=1$，2，…，$m(m=6)$，表示评价指标体系中企业信誉指标下的各二阶评价指标（产品合格率、客户满意度、信用状况等）。企业信誉指标目标函数的求解为所需制造商完成制造任务过程企业所具备得信誉越高越好，所以目标函数的求解为求解最大值问题。

（7）环保节能指标目标函数

$$\begin{aligned}f_7(x)&=EPEC_1+EPEC_2+\cdots+EPEC_m=\max(-EPEC)+\max EPEC_5\\&=\sum_{p=1}^{m}-EPEC_{7p}x_{7p}+EPEC_{75}x_{75}\end{aligned} \tag{3-10}$$

式中，$EPEC_{7p}$ 表示制造商优选过程中制造商所具备的环保节能能力，此时一阶指标 $j=7$，其中 $p=1$，2，…，m（$m=4$），表示评价指标体系中环保技能指标下的各二阶评价指标（碳排放、废气主要污染排放、废水排放等）。$EPEC_{75}$ 表示废品利用量指标，在环保节能目标函数中，废品利用量为利用量越多对制造商优选越有利，因此，废品利用量为求最大值函数问题，故函数取正。其他指标碳排放等均为排放量越小越好，因此为求函数值最小问题，故目标函数取负。

（8）客户服务能力指标目标函数

$$f_8(x)=\max CS=CS_1+CS_2+\cdots+CS_m=\sum_{p=1}^{m}CS_{8p}x_{8p} \quad (3\text{-}11)$$

其中，CS_{8p} 表示制造商优选过程中制造商所具备的客户服务能力，此时一阶指标 $j=8$，其中 $p=1$，2，…，$m(m=3)$，表示评价指标体系中客户服务能力指标下的各二阶评价指标（产品改进能力、售后能力、退换货速度）。客户服务能力目标函数为制造商向客户提供的制造服务越高越好，因此客户服务能力目标函数为求取最大值问题。

（9）企业配送能力指标目标函数

$$f_9(x)=\max ED=ED_1+ED_2+\cdots+ED_m=\sum_{p=1}^{m}ED_{9p}x_{9p} \quad (3\text{-}12)$$

式中，ED_{9p} 表示制造商优选过程中制造商所具备的配送能力，此时一阶指标 $j=9$，其中 $p=1$，2，…，$m(m=4)$，表示评价指标体系中企业配送能力下各二阶评价指标（物流资源、应急配送能力、库存周转等）。企业配送能力目标函数为制造商向客户提供的配送服务越高越好，因此企业配送能力目标函数为求取最大值问题。

（10）工艺可靠性指标目标函数

$$f_{10}(x)=\max PR=PR_1+PR_2+\cdots+PR_m=\sum_{p=1}^{m}PR_{10p}x_{10p} \quad (3\text{-}13)$$

式中，PR_{10p} 表示制造商优选过程中制造商完成制造需求所具备的工艺可靠性，此时一阶指标 $j=10$，其中 $p=1$，2，…，$m(m=7)$，表示工艺可靠性指标下各二阶评价指标（工序能力、工艺环境、工艺设计能力等）。工艺可靠性指标目标函数为制造商生产产品全生命周期中工艺可靠性越高越好，因此工艺可靠性目标函数为求取最大值问题。

（11）制造能力指标目标函数

$$f_{11}(x)=\max MC=MC_1+MC_2+\cdots+MC_m=\sum_{p=1}^{m}MC_{11p}x_{11p} \quad (3\text{-}14)$$

式中，MC_{11p} 表示制造商优选过程中制造商完成制造需求所具备的产品制造能力，此时一阶指标 $j=11$，其中 $p=1$，2，…，$m(m=5)$，表示评价指标体系中制造能力指标下各二阶评价指标（生产设计能力、技术改进能力、技术研发能力等)。制造能力指标目标函数为制造商生产产品全生命周期所具备的研发能力，生产设计能力等越高越好，因此制造能力目标函数为求取最大值问题。

(12) 制造商智能优选总目标函数

制造商智能优选总体函数如下：

$$F(x)=\sum_{j=1}^{n}W_j f_j(x) x_j \tag{3-15}$$

$$x_j=\begin{cases}1 & \text{第 } j \text{ 个评价指标满足客户制造需求} \\ 0 & \text{其余情况}\end{cases}$$

在总的目标函数中，j 表示第一层评价指标，$j=1$，2，…，$n(n=11)$，$f_j(x)$ 表示成本指标、环保节能指标、生产协调能力指标等目标函数。若评价指标都无法满足客户要求则 $x_j=0$，目标函数为 0，表示制造商遭淘汰，如果满足客户要求则 $x_j=1$，表示制造可以参与优选。

在总的目标函数中，W_j 表示权重，其中 $\sum_{i=1}^{n}W_i=1$，权重由信息熵与层次分析法共同求解得出。

3.2 制造商优选仿真

3.2.1 基于信息熵与层次分析法的权重计算

(1) 层次分析法与信息熵原理

层次分析法具有较强的主观性，它包含了决策者的意见，是一种确定评价指标主观权重的方法；信息熵具有较强的客观性，它可以反映数据信息本身的重要程度，是一种确定评价指标客观权重的方法；若采用信息熵修正层次分析法求得的权重，那么就可以将指标具有的主观性与客观性因素融合，更好地将评价指标的权重值展现出来。即：用信息熵修正层次分析法所求得的权重，此过程无需一致性检验。操作步骤如下：

1）层次分析法求权重。按照标度 0～9 构建初始判断矩阵：

$$\boldsymbol{B}=(b_{ij})_{m\times n} \tag{3-16}$$

采用和积法求解权重，进行归一化处理：

$$B_{ij}=\frac{b_{ij}}{\sum_{i=1}^{m}b_{ij}} \tag{3-17}$$

对归一化后的矩阵按列求和：

$$\overline{w_j}=\sum_{j=1}^{n}B_{ij} \tag{3-18}$$

权重计算：

$$w_j=\frac{\overline{w_j}}{\sum_{j=1}^{n}\overline{w_j}} \tag{3-19}$$

计算出一级指标权重：

$$\boldsymbol{w}_{jc}=(w_{j1},w_{j2},\cdots,w_{jn}) \tag{3-20}$$

计算二级指标权重：

$$\boldsymbol{w}_{jcp}=(w_{jc1},w_{jc2},\cdots,w_{jcm}) \tag{3-21}$$

2）信息熵求权重。用信息熵求权重代表了指标的相对重要性，熵值体现了指标在评价体系中的作用。将指标进行归一化处理：

$$r_{ip}=\frac{a_{ip}}{\sum_{i=1}^{n}a_{ip}} \tag{3-22}$$

得到归一化后的矩阵 $\boldsymbol{R}=(r_{ip})_{n\times k}$。

式中，a_{ip} 表示评价指标数据；i 表示制造商，共有 n 个；p 表示二级评价指标，共有 k 个。

① 利用公式求出数据的信息熵值：

$$e_p=-\frac{1}{\ln n}\times\sum_{i=1}^{n}r_{ip}\times\ln r_{ip} \tag{3-23}$$

式中，e_p 表示指标熵值；$\frac{1}{\ln n}$为信息熵系数，用于防止求得信息熵值大于1。

② 计算指标熵值权重：

$$w_{sp}=\frac{1-e_p}{\sum_{p=1}^{k}(1-e_p)} \tag{3-24}$$

得到指标信息熵权向量：$\boldsymbol{w}_{jsp}=(w_{s1}, w_{s2}, \cdots, w_{sp})^{\mathrm{T}}$

③ 信息熵求指标的客观权重修正主观指标权重：

$$\boldsymbol{w}_{jp}^{*}=\frac{\boldsymbol{w}_{jcp}\times\boldsymbol{w}_{jsp}}{\sum_{p=1}^{k}\boldsymbol{w}_{jcp}\times\boldsymbol{w}_{jsp}} \tag{3-25}$$

④ 将由式(3-20) 求得的一级指标权重与二级指标权重结合：

$$\boldsymbol{w}_{jp}=\boldsymbol{w}_{jc}\times\boldsymbol{w}_{jp}^{*} \tag{3-26}$$

最后求得权重向量：

$$\boldsymbol{W}_j=(w_{j1},w_{j2},\cdots,w_{jp}) \tag{3-27}$$

（2）层次分析法计算指标权重

基于上述层次分析法与信息熵理论求取权重的原理及步骤，为此构造层次模型，第一层为第一级指标，包含成本、时间、企业资产、生产协调能力、企业协调能力等，第二层为一级指标下属指标。

下面模拟了三种不同客户需求下的制造商优选情况：客户对成本、生产协调能力、工艺可靠性指标比较重视情况；客户对所有指标同等重视情况；客户对企业资产、企业信誉、企业配送能力指标比较重视情况。

当客户对成本、生产协调能力、工艺可靠性指标比较重视时，应用层次分析得到一级指标权重如表3-2所示。

表3-2 客户对成本等指标比较重视时一级指标权重

一级指标	*C*	*T*	*A*	*PC*	*EC*	*EP*	*EPEC*	*CS*	*ED*	*PR*	*MC*
权重	0.257	0.029	0.029	0.257	0.029	0.029	0.029	0.029	0.029	0.257	0.029

当客户对所有指标同等重视时，应用层次分析得到一级指标权重如表3-3所示。

表3-3 客户对所有指标同样重视时一级指标权重

一级指标	*C*	*T*	*A*	*PC*	*EC*	*EP*	*EPEC*	*CS*	*ED*	*PR*	*MC*
权重	0.091	0.091	0.091	0.091	0.091	0.091	0.091	0.091	0.091	0.091	0.091

当客户对企业资产、企业信誉、企业配送能力指标比较重视时，应用层次分析得到一级指标权重如表 3-4 所示。

表 3-4　客户对企业资产等指标比较重视时一级指标权重

一级指标	C	T	A	PC	EC	EP	$EPEC$	CS	ED	PR	MC
权重	0.029	0.029	0.257	0.029	0.029	0.257	0.029	0.029	0.257	0.029	0.029

与成本相关的子因素为：物料成本 C_1、工艺成本 C_2、通信成本 C_3、库存成本 C_4、专家聘请成本 C_5、工人雇佣成本 C_6、失效产品净增成本 C_7、设备维修成本 C_8、停工损失 C_9、返修成本 C_{10}、配送成本 C_{11}、废品成本 C_{12}、产品增值 C_{13}。层次分析法所求成本指标二级指标权重如表 3-5 所示。

表 3-5　层次分析法求成本指标二级指标权重

二级指标	C_1	C_2	C_3	C_4	C_5	C_6	C_7
权重	0.077	0.077	0.077	0.077	0.077	0.077	0.077
二级指标	C_8	C_9	C_{10}	C_{11}	C_{12}	C_{13}	
权重	0.077	0.077	0.077	0.077	0.077	0.077	

与时间相关的子因素为：任务反应时间 T_1、应急反应时间 T_2、设备维修时间 T_3、恢复生产时间 T_4、配送时间 T_5、工艺故障平均维修时间 T_6。层次分析法所求时间指标二级指标权重如表 3-6 所示。

表 3-6　层次分析法求时间指标二级指标权重

二级指标	T_1	T_2	T_3	T_4	T_5	T_6
权重	0.167	0.167	0.167	0.167	0.167	0.167

与企业资产相关的子因素为：设备资源 A_1、物料资源 A_2、技术资源 A_3、人力资源 A_4、设备更新量 A_5。层次分析法所求企业资产指标二级指标权重如表 3-7 所示。

表 3-7　层次分析法求企业资产指标二级指标权重

二级指标	A_1	A_2	A_3	A_4	A_5
权重	0.2	0.2	0.2	0.2	0.2

与生产协调能力相关的子因素为：制造技术 PC_1、产品测试 PC_2、产品性能 PC_3、产品寿命 PC_4、产品可靠性 PC_5、产品安全性 PC_6、产品经济性 PC_7、产品失效分析 PC_8、失效产品改进 PC_9。层次分析法所求生产

协调能力指标二级指标权重如表 3-8 所示。

表 3-8　层次分析法求生产协调能力指标二级指标权重

二级指标	PC_1	PC_2	PC_3	PC_4	PC_5	PC_6	PC_7	PC_8	PC_9
权重	0.111	0.111	0.111	0.111	0.111	0.111	0.111	0.111	0.111

与企业协调能力相关的子因素为：市场变化应对能力 EC_1、资金周转 EC_2。层次分析法所求企业协调能力指标二级指标权重如表 3-9 所示。

表 3-9　层次分析法求企业协调能力指标二级指标权重

二级指标	EC_1	EC_2
权重	0.5	0.5

与企业信誉相关的子因素为：产品合格率 EP_1、客户满意度 EP_2、订单完成率 EP_3、信用状况 EP_4、行业地位 EP_5、合同履约率 EP_6。层次分析法所求企业信誉指标二级指标权重如表 3-10 所示。

表 3-10　层次分析法求企业信誉指标二级指标权重

二级指标	EP_1	EP_2	EP_3	EP_4	EP_5	EP_6
权重	0.167	0.167	0.167	0.167	0.167	0.167

与环保节能相关的子因素为：碳排放 $EPEC_1$、废气主要污染排放 $EPEC_2$、废水排放 $EPEC_3$、固体污染物排放 $EPEC_4$、废品利用量 $EPEC_5$。层次分析法所求环保节能指标二级指标权重如表 3-11 所示。

表 3-11　层次分析法求环保节能指标二级指标权重

二级指标	$EPEC_1$	$EPEC_2$	$EPEC_3$	$EPEC_4$	$EPEC_5$
权重	0.2	0.2	0.2	0.2	0.2

与客户服务能力相关的子因素为：产品改进能力 CS_1、售后能力 CS_2、退换货速度 CS_3。层次分析法所求客户服务能力指标二级指标权重如表 3-12 所示。

表 3-12　层次分析法求客户服务能力指标二级指标权重

二级指标	CS_1	CS_2	CS_3
权重	0.33	0.33	0.33

与企业配送能力相关的子因素为：物流资源 ED_1、应急配送能力 ED_2、

配送信息更新速度 ED_3、库存周转 ED_4。层次分析法所求企业配送能力指标二级指标权重如表 3-13 所示。

表 3-13　层次分析所求企业配送能力指标二级指标权重

二级指标	ED_1	ED_2	ED_3	ED_4
权重	0.25	0.25	0.25	0.25

与工艺可靠性相关的子因素为：工序能力 PR_1、工艺环境 PR_2、工艺设计能力 PR_3、材料选择能力 PR_4、工艺修正能力 PR_5、工艺稳定性 PR_6、工艺循环性 PR_7。层次分析法所求工艺可靠性指标二级指标权重如表 3-14 所示。

表 3-14　层次分析法求工艺可靠性指标二级指标权重

二级指标	PR_1	PR_2	PR_3	PR_4	PR_5	PR_6	PR_7
权重	0.143	0.143	0.143	0.143	0.143	0.143	0.143

与制造能力相关的子因素为：生产设计能力 MC_1、技术改进能力 MC_2、技术研发能力 MC_3、计划执行能力 MC_4、集成制造能力 MC_5。层次分析法所求制造能力指标二级指标权重如表 3-15 所示。

表 3-15　层次分析法求制造能力指标二级指标权重

二级指标	MC_1	MC_2	MC_3	MC_4	MC_5
权重	0.2	0.2	0.2	0.2	0.2

(3) 信息熵权重计算及修正

根据信息熵理论，一个信息出现次数越多，说明它越有价值。同样来说，在制造商优选过程中，一个指标所占比重越高，则表明在制造商优选阶段该指标更有价值。根据信息熵理论计算指标权重的原理及步骤得到权重。

二级指标权重求解步骤为：

① 应用层次分析法求得二级指标主观权重。

② 用信息熵理论求取二级指标客观权重。

③ 应用信息熵所求的客观权重修正层次分析法所求主观权重。

信息熵求得权重如下：

与成本相关的子因素有物料成本 C_1、工艺成本 C_2、通信成本 C_3、库存成本 C_4、专家聘请成本 C_5、工人雇佣成本 C_6、失效品净增成本 C_7、

设备修理成本 C_8、停工损失 C_9、返修成本 C_{10}、配送成本 C_{11}、废品成本 C_{12}、产品增值 C_{13}。信息熵求得的成本指标二级指标权重如表 3-16 所示。

表 3-16 信息熵求得的成本指标二级指标权重

二级指标	C_1	C_2	C_3	C_4	C_5	C_6	C_7
权重	0.006	0.012	0.043	0.013	0.069	0.031	0.01
二级指标	C_8	C_9	C_{10}	C_{11}	C_{12}	C_{13}	
权重	0.032	0.113	0.01	0.087	0.57	0.003	

与时间相关的子因素有任务反应时间 T_1、应急反应时间 T_2、设备维修时间 T_3、恢复生产时间 T_4、配送时间 T_5、工艺故障平均维修时间 T_6。信息熵值求得的时间指标二级指标权重如表 3-17 所示。

表 3-17 信息熵求得的时间指标二级指标权重

二级指标	T_1	T_2	T_3	T_4	T_5	T_6
权重	0.457	0.121	0.014	0.244	0.119	0.045

与企业资产相关的子因素有设备资源 A_1、物料资源 A_2、技术资源 A_3、人力资源 A_4、设备更新量 A_5。信息熵求得的企业资产指标二级指标权重如表 3-18 所示。

表 3-18 信息熵求得的企业资产指标二级指标权重

二级指标	A_1	A_2	A_3	A_4	A_5
权重	0.002	0.001	0.077	0.232	0.713

与生产协调能力相关的子因素有制造技术 PC_1、产品测试 PC_2、产品性能 PC_3、产品寿命 PC_4、产品可靠性 PC_5、产品安全性 PC_6、产品经济性 PC_7、产品失效分析 PC_8、失效产品改进 PC_9。信息熵求得的生产协调能力二级指标权重如表 3-19 所示。

表 3-19 信息熵求得的生产协调能力指标二级指标权重

二级指标	PC_1	PC_2	PC_3	PC_4	PC_5	PC_6	PC_7	PC_8	PC_9
权重	0.075	0.056	0.026	0.003	0.127	0.224	0.235	0.099	0.154

与企业协调能力相关的子因素有：市场变化应对能力 EC_1、资金周转 EC_2。信息熵求得的企业协调能力指标二级指标权重如表 3-20 所示。

表 3-20 信息熵求得的企业协调能力指标二级指标权重

二级指标	EC_1	EC_2
权重	0.001	0.999

与企业信誉相关的子因素有产品合格率 EP_1、客户满意度 EP_2、订单完成率 EP_3、信用状况 EP_4、行业地位 EP_5、合同履约率 EP_6。信息熵求得的企业信誉二级指标权重如表 3-21 所示。

表 3-21 信息熵求得的企业信誉指标二级指标权重

二级指标	EP_1	EP_2	EP_3	EP_4	EP_5	EP_6
权重	0.03	0.034	0.593	0.062	0.249	0.032

与环保节能相关的子因素有：碳排放 $EPEC_1$、废气主要污染排放 $EPEC_2$、废水排放 $EPEC_3$、固体污染物排放 $EPEC_4$、废品利用量 $EPEC_5$。信息熵求得的环保节能指标二级指标权重如表 3-22 所示。

表 3-22 信息熵求得的环保节能指标二级指标权重

二级指标	$EPEC_1$	$EPEC_2$	$EPEC_3$	$EPEC_4$	$EPEC_5$
权重	0.0001	0.77	0.007	0.035	0.188

与客户服务能力相关的子因素有：产品改进能力 CS_1、售后能力 CS_2、退换货速度 CS_3。信息熵求得的客户服务能力指标二级指标权重如表 3-23 所示。

表 3-23 信息熵求客户服务能力指标二级指标权重

二级指标	CS_1	CS_2	CS_3
权重	0.634	0.163	0.204

与企业配送能力相关的子因素有物流资源 ED_1、应急配送能力 ED_2、配送信息更新速度 ED_3、库存周转 ED_4。信息熵求得的企业配送能力指标二级指标权重如表 3-24 所示。

表 3-24 信息熵求得的企业配送能力指标二级指标权重

二级指标	ED_1	ED_2	ED_3	ED_4
权重	0.254	0.449	0.172	0.125

与工艺可靠性相关的子因素有工序能力 PR_1、工艺环境 PR_2、工艺设计能力 PR_3、材料选择能力 PR_4、工艺修正能力 PR_5、工艺稳定性 PR_6、工艺

循环性 PR_7。信息熵求得的工艺可靠性指标二级指标权重如表 3-25 所示。

表 3-25 信息熵求得的工艺可靠性指标二级指标权重

二级指标	PR_1	PR_2	PR_3	PR_4	PR_5	PR_6	PR_7
权重	0.143	0.135	0.168	0.113	0.149	0.145	0.146

与制造能力相关的子因素有生产设计能力 MC_1、技术改进能力 MC_2、技术研发能力 MC_3、计划执行能力 MC_4、集成制造能力 MC_5。信息熵求得的制造能力指标二级指标权重如表 3-26 所示。

表 3-26 信息熵求得的制造能力指标二级指标权重

二级指标	MC_1	MC_2	MC_3	MC_4	MC_5
权重	0.098	0.161	0.116	0.064	0.561

最终权重由式(3-16)～式(3-27) 求得，最终权重为一级指标权重与二级指标权重的融合，其中二级指标权重由层次分析法与信息熵法共同求得，本书采用信息熵法求得的客观权重修正层次分析法所求的主观权重，最后将一级指标权重与二级指标权重融合。最终三种客户要求的指标权重如下。

① 成本等指标重要时权重：

$\boldsymbol{W}_j$ = [0.0015 0.0031 0.0111 0.0033 0.0178 0.0080 0.0026 0.0082 0.0291 0.0026 0.0224 0.1466 0.0008 0.0133 0.0035 0.0004 0.0071 0.0035 0.0013 0.00006 0.00003 0.0022 0.0066 0.0202 0.0193 0.0144 0.0067 0.0077 0.0327 0.0576 0.0604 0.0255 0.0396 0.00003 0.0290 0.0009 0.0010 0.0172 0.0018 0.0072 0.0009 0.000003 0.0223 0.0002 0.0010 0.0055 0.0184 0.0047 0.0059 0.0074 0.0130 0.0050 0.0036 0.0368 0.0347 0.0432 0.0291 0.0383 0.0373 0.0375 0.0028 0.0047 0.0034 0.0019 0.0163]

② 企业信誉等指标重要时权重：

$\boldsymbol{W}_j$ = [0.0002 0.0003 0.0012 0.0004 0.0020 0.0009 0.0003 0.0009 0.0033 0.0003 0.0025 0.0165 0.0001 0.0133 0.0035 0.0004 0.0071 0.0035 0.0013 0.0005 0.0003 0.0193 0.0582 0.1788 0.0022 0.0016 0.0008 0.0009 0.0037 0.0065 0.0068 0.0029 0.0045 0.00003 0.0290 0.0077 0.0087 0.1524

0.0159 0.0640 0.0082 0.000003 0.0223 0.0002 0.0010 0.0055
0.0184 0.0047 0.0059 0.0653 0.1154 0.0442 0.0321 0.0041
0.0039 0.0049 0.0033 0.0043 0.0042 0.0042 0.0028 0.0047
0.0034 0.0019 0.0163]

③ 所有指标同等重要时权重：

$\boldsymbol{W}_j$ = [0.0005 0.0011 0.0039 0.0012 0.0063 0.0028
0.0009 0.0029 0.0103 0.0009 0.0079 0.0519 0.0003 0.0416
0.0110 0.0013 0.0222 0.0108 0.0041 0.0002 0.0001 0.0068
0.0206 0.0633 0.0068 0.0051 0.0024 0.0003 0.0113 0.0204
0.0214 0.0090 0.0140 0.0001 0.0909 0.0027 0.0031 0.0540
0.0056 0.0227 0.0029 0.0001 0.0701 0.0006 0.0032 0.0171
0.0576 0.0148 0.0185 0.0231 0.0409 0.0157 0.0114 0.0130
0.0123 0.0153 0.0103 0.0136 0.0132 0.0133 0.0089 0.0147
0.0106 0.0058 0.0511]

3.2.2 智能体优化算法简介

Agent 是一个物理的或抽象的实体，Agent 能作用于自身与周围环境，同时能够对周围环境产生反应。Agent 群体与环境之间相互作用、相互影响，同时在整个群体内，各个 Agent 存在相互关系。通过这些相互关系，能够根据一个目标实现复杂系统的全局寻优。

Agent 本身具有一定的智能性，能够对周围的环境做出反应，Agent 能够以自然界优胜劣汰的原则在所处环境内竞争，并且 Agent 自身能够进行自学习以保证不被淘汰，Agent 通过竞争与自学习操作实现寻优。在云制造环境下，客户的需求导致制造商之间存在激烈的竞争，在不同的客户需求下制造商所提供的制造服务存在差异。在云制造环境下，制造商具有海量性与复杂性的特点，同时不可避免会出现制造商完成任务的能力相近的情况。采用智能优化算法实现制造商的智能优选，智能体的竞争操作可以实现对海量制造商的择优选择，面对制造能力相近的情况，智能体的自学习操作使自身根据客户需求进行自适应调整，以获得被选取的机会。综上所述，智能优化算法为制造商的智能优选提供了理论支撑与数学基础，因此本节采用智能优化算法对云制造环境下的制造商进行智能优选。

（1）算法原理

通常来讲，智能算法的初始化间接决定了解决方案的质量，智能体采用网格的形式实现寻优。在 Multi-Agent 模型中，每个 Agent 都具有能量，对于每个 Agent 而言，其具备的感知能力和行为能力存在相当的局限性，因此 Agent 具有较强的局部性。局部环境的建立由关系网模型确立，由于资源有限，Agent 之间有很强的竞争关系，能量少的 Agent 将被淘汰。另外，Agent 具有自学习能力，它通过自学习行为可以更好地适应周围环境。

首先定义 Agent 内部结构：

$$\alpha=\{location, body, energy, neighbor\} \tag{3-28}$$

式中，*location* 表示智能体 α 在 Multi-Agent 系统中的位置，一般表示为（p, q）；*body* 表示智能体包含的具体内容，包括制造商评价指标及评价指标数据，具体表示为

$$body=\{C, T, A, PC, EC, EP, EPEC, CS, ED, PR, MD\} \tag{3-29}$$

$energy=F(x)$ 表示所具有的能量，即目标函数的适应度值；*neighbor* 表示其局部环境为环形结构中的相邻 Agent，其形式为（α_1，α_2，…，α_l）。对于同一邻域内的 Agent，寻优时一般只提取其结构中的 *body* 与 *energy* 信息。

竞争算子是算法的核心，Agent 在寻优过程中主要包括竞争与自学习两个操作，二者都是为了保证 Agent 能够在环境中生存。在既定的网格空间中，当存在一个 Agent 适应度函数值大于当前最优时被保留，直到迭代结束。若在寻优过程中出现与当前最优解相同的情况，则通过自学习操作以保证自身得以生存。Agent 的竞争操作表示为：

$$x_{n+1}=x_n+h \tag{3-30}$$

式中，h 是设置的参数，代表 Agent 每组迭代的步长。

Agent 为保证自己的生存能力，当出现与最优解相同的情况时，会产生自学习操作，其目的增强自己的竞争性。当出现 Agent 的能量与当前最优解能量相同的情况时进行自学习操作。定义自学习行为函数如下：

$$C_i=\begin{cases} c_i \times \mathrm{e}^{|G(0,1/t)|} & mark=1 \\ 0 & mark=0 \end{cases} \tag{3-31}$$

式中，C_i、c_i 表示智能体的 *body* 信息，即评价指标信息；$G(0, 1/t)$ 表示随机生成数；t 表示自学习迭代次数；*mark* 表示客户对指标的看重情况，若 $mark=1$，表示客户更重视该指标，若 $mark=0$，则表示在制造优选过程中，客户并不重视或不以该指标作为主要评价标准。

Agent 通过竞争与自学习行为保证自身在环境中的生存能力，若 Agent 所具备的能量小则被淘汰，直到完成全局的寻优得到最优解。

(2) 智能体算法流程

根据智能优化算法原理得到算法的主要步骤如下：

① 初始化种群参数：Agent 组数 $Nc=8$，每组 Agent 种群 $N=8$，步长 $step=1$。

② 设定每组第一个 Agent 为当前最优解。

③ 令 $L=2$ 进行迭代次数为 N 的 Agent 循环，循环中包括竞争与自学习两步，令 $O=1$ 时进行迭代次数为 Nc 的竞争与自学习操作。

④ 根据 Agent 所含 *energy* 淘汰掉能量值小者。

⑤ 若出现 *energy* 相同的情况，Agent 进行自学习操作。

⑥ 依据上述流程，将适应度值最大的 Agent 优选出，输出该适应度函数值与对应的制造商编号，通过算法优选得到的制造商就是符合客户需求的最优制造商。

3.2.3 基于智能体优化算法的制造商优选方法

为了构建基于智能优化算法的制造商智能优选模型，首先需要根据云制造环境下制造商的特点，构造其适应度函数，并构建基于智能优化算法的制造商智能优选流程。其次需构建智能体网格环境，并通过智能优化算法完成寻优。本节将详细介绍该方法的内容，构建智能体网格环境，采用线性加权法构造适应度函数，不同评价指标权重值由层次分析法与信息熵共同求解得出，最后利用智能优化算法在 Matlab 环境下编程，寻找最优制造商。

(1) 智能体网格划分

网格化的目的是将制造商进行二次编码，采用整数编码的形式对制造商进行编号处理，并将编号完的制造商排列进网格中，其中每一个网格节点代表一个智能体，每个智能体即为待选择制造商，位于网格节点的智能体的位置即代表智能体的编码，其 $body$ 信息代表可用指标信息。在智能体网格中，本节将整个种群划分为若干组种群，以便可以更快、更好地完成优选。产生的每组最优解重新排列进网格中，再进行择优，直至产生全局最优。即本节采用竞争与自学习算子来完成全局寻优。设每组智能体 $\boldsymbol{L}^t=(\alpha_1,\alpha_2,\cdots,\alpha_l)$。$\alpha_1$ 表示第 t 组第 1 个智能体，α_l 表示第 t 组第 l 个智能体，每个智能体为在环境中存活进行竞争。智能体网格化如图 3-2 所示。

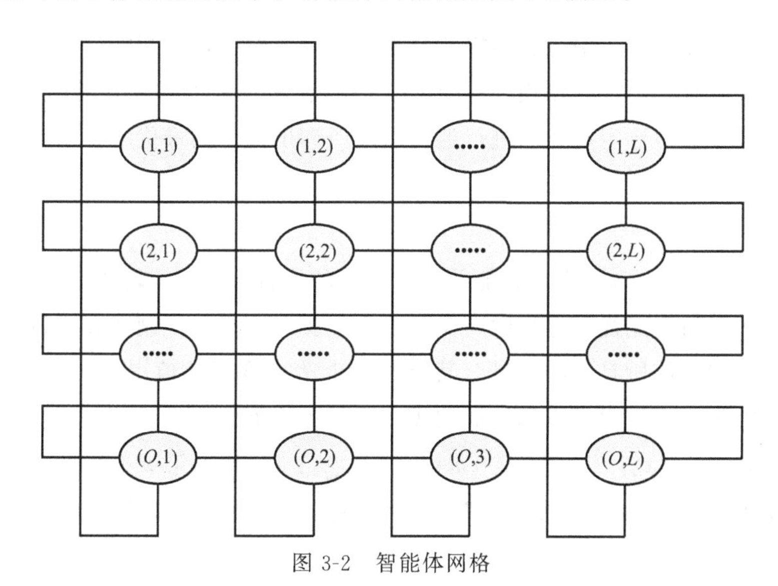

图 3-2 智能体网格

由于智能体为环状，位于 (i,j) 位置的智能体的邻域关系为：

$$L_{i,j},i-h\leqslant i\leqslant i+h,j-h\leqslant j\leqslant j+h \tag{3-32}$$

式中，h 为智能体的感知范围。

(2) 适应度函数构造

适应度函数构造是智能体寻优过程中十分关键的环节，其取值可以反映出智能体的寻优能力。在本节中，适应度函数值越大，则代表该智能体越好，优选后得到的智能体为适应度函数值最大者。制造商智能优选问题实际上属于多目标优化问题，目的是寻找到最优且最适合客户需求的制造商，所构造的适应度函数实际上是选择制造商的一个标准。适应度函数为：

$$F(x)=W_1f_1(x)-W_2f_2(x)+\cdots+W_5f_5(x)+\cdots$$
$$-W_7f_7(x)+\cdots+W_nf_n(x) \tag{3-33}$$

约束条件为 $\sum_{i=1}^{n}W_i=1$，其他条件见智能优选评价指标小节。W_i 是成本、时间、生产协调能力、企业协调能力、企业信誉、环保节能、客户服务能力等指标所对应的各个评价因素的权重值，由层次分析法和信息熵确定，求取适应度函数的最大值。

(3) 竞争操作

在智能优化算法中，竞争操作是至关重要的部分，对智能体能否搜索到最优制造商有决定性的作用。本节智能体算法的优选方式为环状迭代优选，故其优选方式为选定某一环进行迭代，从而选出该环的最优解，因此，智能体迭代的方式为：

$$x_{(p,q^*),n+1}=x_{(p,q),n}+h_{(p)} \tag{3-34}$$

式中，p、q、q^* 表示智能体处于网格的位置；h 表示其搜索的步长。

在制造商智能优选过程中，竞争操作主要以选择最优制造商为目的，通过比较各智能体所具备的能量（其能量值由适应度函数值得出），实现智能体的优胜劣汰，进而完成制造商的优选，具体如下：

若 $energy[x_{(p,q^*),n+1}]>energy[x_{(p,q),n}]$，表示第 $n+1$ 次搜索智能体优于第 n 次搜索的智能体，则第 $n+1$ 次搜索得到的智能体获得保留，其他的则被淘汰。

若 $energy[x_{(p,q^*),n+1}]<energy[x_{(p,q),n}]$，则第 n 次搜索的智能体被保留。智能体通过参数为 h 的搜索步长，实现整个系统的前进搜索。

若 $energy[x_{(p,q^*),n+1}]=energy[x_{(p,q),n}]$，智能体则会进行自学习操作，并计算自学习操作之后的目标函数值，比较自学习操作之后的智能体能量，能量值大者则被保留，能量值小者被淘汰。

至此，智能体就与所建立的适应度函数建立了联系，网格中每个节点代表一个制造商。适应度函数作为制造商寻优的标准，其值越大，则表示制造商越好。

(4) 自学习操作

Agent 出现适应度函数值与当前最优解相同时，Agent 采取自学习操作。Agent 按照客户要求重新对指标进行二进制编码，*mark* 表示任务要求编码。若客户对指标更加重视，则其编号为 1，否则为 0。

Agent 经过自学习操作后，再通过竞争操作，适应度值大者被保留。自学习行为可以表示为：

$$C_i=\begin{cases}c_j\times e^{|G(0,1/t)|} & mark=1\\0 & mark=0\end{cases}\tag{3-35}$$

$$body^{*n}=body^n\times mark\tag{3-36}$$

式中，C_i、c_i 表示智能体的 $body$ 信息；$body$ 为制造商的指标信息；$body^*$ 为自学习操作后的指标信息。通过计算自学习后的适应度函数值，再通过竞争操作完成择优。

综上所述，绘制优化算法总体流程，如图 3-3 所示。

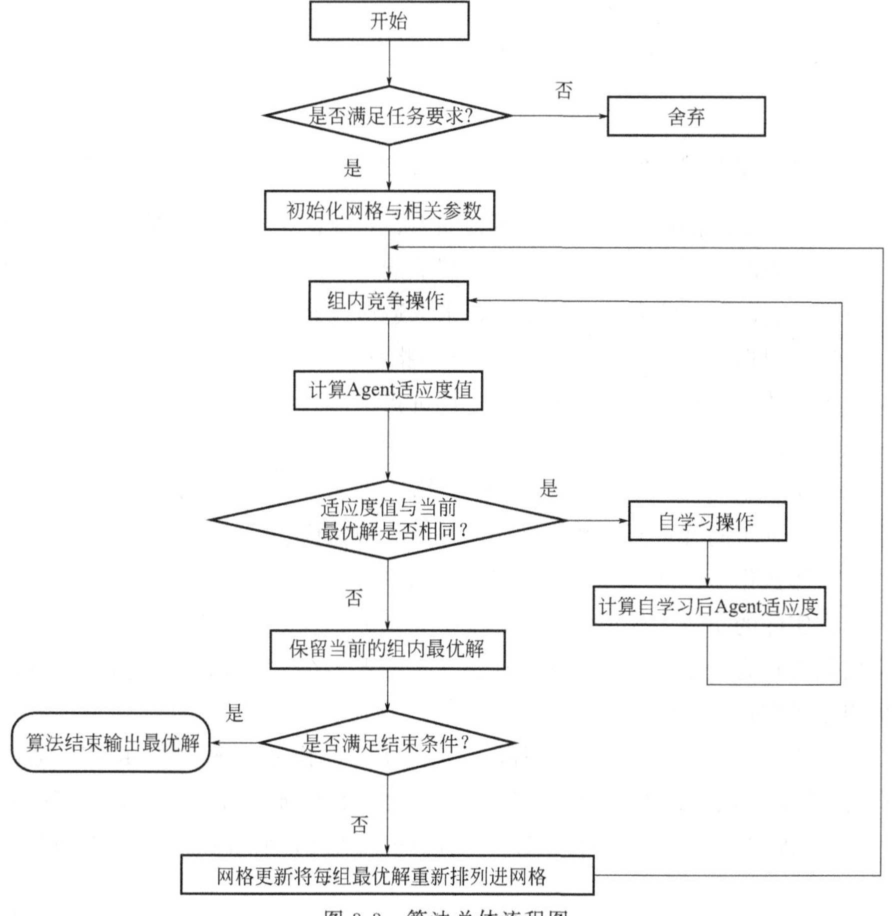

图 3-3　算法总体流程图

3.2.4 仿真实例分析

在制造商智能优选过程中若服务需求方的要求不同，则对应优选结果（制造商）也不尽相同，最终优选得到的制造商也不相同。本书分别模拟客户三种不同需求下制造商智能优选的情况，三种不同需求分别为：所有评价指标同等重要；成本、生产协调能力、工艺可靠性指标重要；企业资产、企业信誉、企业配送能力指标重要。

首先建立制造商智能优选多目标数学模型。按照第 2 章的多目标数学模型建立方法可以得到总的目标函数：

$$\begin{aligned}F(x)=&W_1f_1(x)-W_2f_2(x)+\cdots+W_5f_5(x)+\cdots\\&-W_7f_7(x)+\cdots+W_nf_n(x)\end{aligned}\tag{3-37}$$

约束条件为 $\sum_{i=1}^{n}W_i=1$，其他条件见智能优选评价指标小节。W_i 是成本、时间、生产协调能力、企业协调能力、企业信誉、环保节能、客户服务能力、企业配送能力、工艺可靠性和制造能力评价指标及其二级评价指标权重值，由层次分析法和信息熵确定，求取适应度函数的最大值。

然后根据式(3-4)～式(3-14) 建立各指标目标函数。

不同的用户有不同的制造需求，评价指标的权重已经通过信息熵与层次分析法获取。

采用 Matlab 编程工具对智能优化算法编程，在 Matlab 环境下仿真计算，对三种不同客户需求情况进行制造商的智能优选。

具体操作参照 3.2.2 节（2）智能体算法流程。

在实际的制造商优选过程中，由于客观和主观因素的影响，同时需要处理的数据具有复杂性、海量性、动态性等特点，在短时间内制造商的各项指标很难得到精准的数值。

因此，本节参考实际生产过程，并依照实际经验对优选过程中的相应数据进行了估算，同时为消除数据之间存在的单位和数量级差别对数据进行了处理，经过处理后的数据也让适应度函数值的计算更加方便，采用无量纲化方法如下：

$$y_i=\frac{x_i-\overline{x}}{s}\tag{3-38}$$

式中，y_i 表示无量纲化后的指标数据，x_i 表示无量纲化前的指标数据，s 表示数据的标准差，$\overline{x}$ 表示数据的均值。无量纲化后制造商成本指标数据如附录表 1 所示，时间指标数据如附录表 2 所示，企业资产指标数据如附录表 3 所示，生产协调能力指标数据如附录表 4 所示，企业协调能力指标数据如附录表 5 所示，企业信誉指标数据如附录表 6 所示，环保节能指标数据如附录表 7 所示，客户服务能力指标数据如附录表 8 所示，企业配送能力指标数据如附录表 9 所示。工艺可靠性指标数据如附录表 10 所示，制造能力指标数据如附录表 11 所示。

(1) 客户无特殊要求情况

样本空间为 60，共产生 8×8 的智能体网格空间，每组竞争与自学习操作，最后产生 8 个组最优解，将 8 个组最优解重新排列进新的网格空间，进行竞争与自学习操作，最终产生的最优解即为制造商智能优选的结果。

客户无特殊要求情况智能优选趋势如图 3-4 所示。

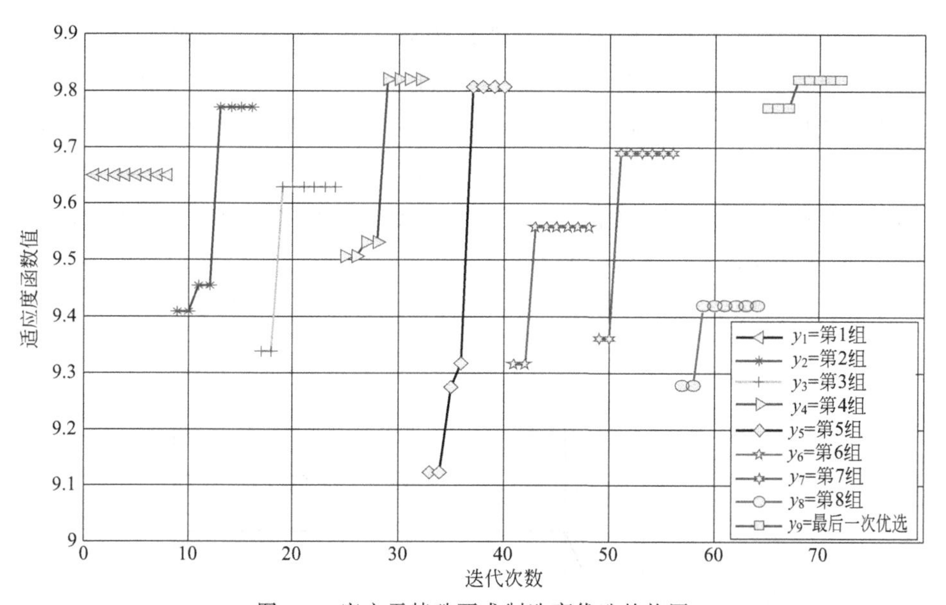

图 3-4　客户无特殊要求制造商优选趋势图

由客户对所有指标同样看重情况的优选结果可以看出，每组智能体优选均找到了该组最优解，同时在网格更新后，每组最优解均被排列入网格并完成最终的制造商优选。同时由优选结果可看出，每组均只产生一个最优解，可见当出现目标函数值与当前最优解相同情况时，智能体通过自学习操作与竞争操作实现二次优选。

客户无特殊要求时第 1 组与第 2 组优选趋势如图 3-5 所示。

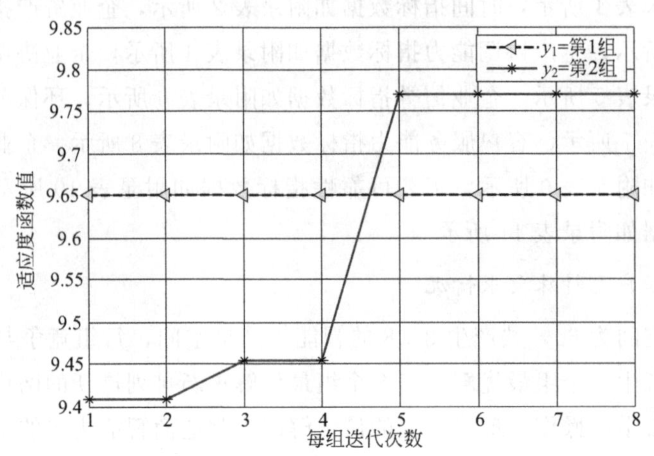

图 3-5　客户无特殊要求时第 1 组与第 2 组优选趋势图

由仿真结果可知第 1 组最优制造商为第 1 号制造商，迭代从第一个开始，不再发生改变，此时由趋势图可以看出第 1 组智能体最优为第 1 个，则第 1 组迭代过程产生当前组最优制造商为 1 号制造商，其适应度函数值为 9.6501。第 2 组的迭代从第 5 个开始不再发生改变，表示第 2 组最优为该组第 5 个智能体，第 2 组迭代产生的当前组最优制造商为该组的第 5 个，代表第 13 号制造商，适应度函数值为 9.7702。

客户无特殊要求时第 3 组与第 4 组优选趋势如图 3-6 所示。

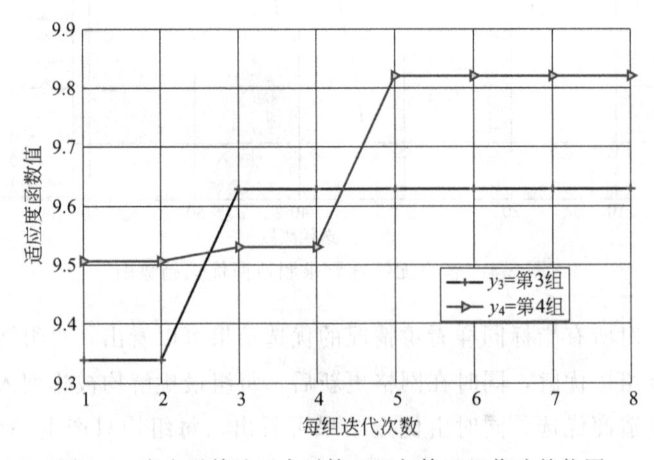

图 3-6　客户无特殊要求时第 3 组与第 4 组优选趋势图

由仿真结果可知第 3 组最优为该组第 3 个智能体，代表第 19 号制造商，适应度函数值为 9.6285。第 4 组最优为该组第 5 个智能体，代表第 29 号制造商，适应度函数值为 9.8201。

客户无特殊要求时第 5 组与第 6 组优选趋势如图 3-7 所示。

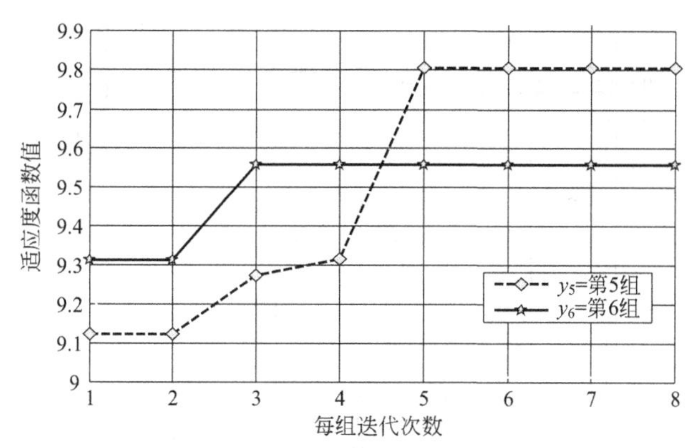

图 3-7　客户无特殊要求时第 5 与第 6 组优选趋势图

由仿真结果可知第 5 组最优为该组第 5 个智能体，代表第 37 号制造商，适应度函数值为 9.8078。第 6 组最优为该组第 3 个智能体，代表第 43 号制造商，适应度函数值为 9.5583。

客户无特殊要求时第 7 组与第 8 组优选趋势如图 3-8 所示。

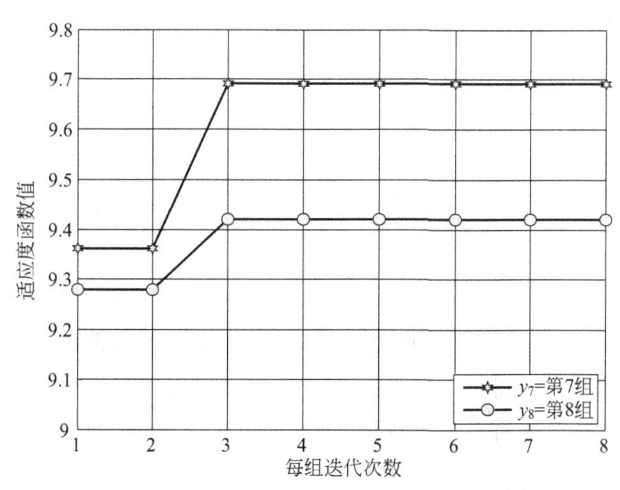

图 3-8　客户无特殊要求时第 7 组与第 8 组优选趋势图

由仿真结果可知，第 7 组最优为该组第 3 个智能体，代表第 51 号制造商，适应度函数值为 9.6910。第 8 组最优为该组第 3 个智能体，代表第 59 号制造商，适应度函数值为 9.4206。

客户无特殊要求时最后一次优选趋势如图 3-9 所示。

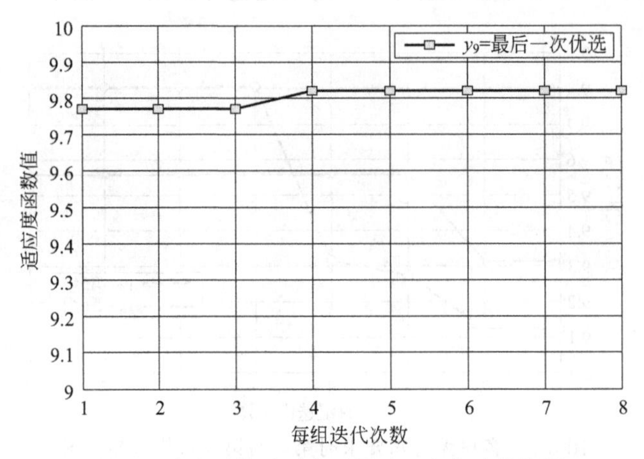

图 3-9　客户无特殊要求时最后一次优选趋势图

由仿真结果可知，在最后一次优选中，第 4 组所求最优解为全局最优，故第 29 号制造商，为全局最优解即最终优选结果。

(2) 客户对成本、生产协调能力、工艺可靠性指标比较重视情况

样本空间为 62，共产生 8×8 的智能体网格空间，每组竞争与自学习操作，最后产生 8 个组最优解，将 8 个组最优解重新排列进新的网格空间，进行竞争与自学习操作，最终产生的最优解即为制造商智能优选的结果。

客户对成本、生产协调能力、工艺可靠性指标比较重视情况优选趋势如图 3-10 所示。

由客户对成本等指标看重情况的优选结果可以看出，每组智能体优选均找到了该组最优解，同时在网格更新后，每组最优解均被排列入网格并完成最终的制造商优选。同时由优选结果可看出，每组均只产生一个最优解，可见当出现目标函数值与当前最优解相同情况时，智能体通过自学习操作与竞争操作实现二次优选。

客户对成本等指标比较重视时第 1 组与第 2 组优选趋势如图 3-11 所示。

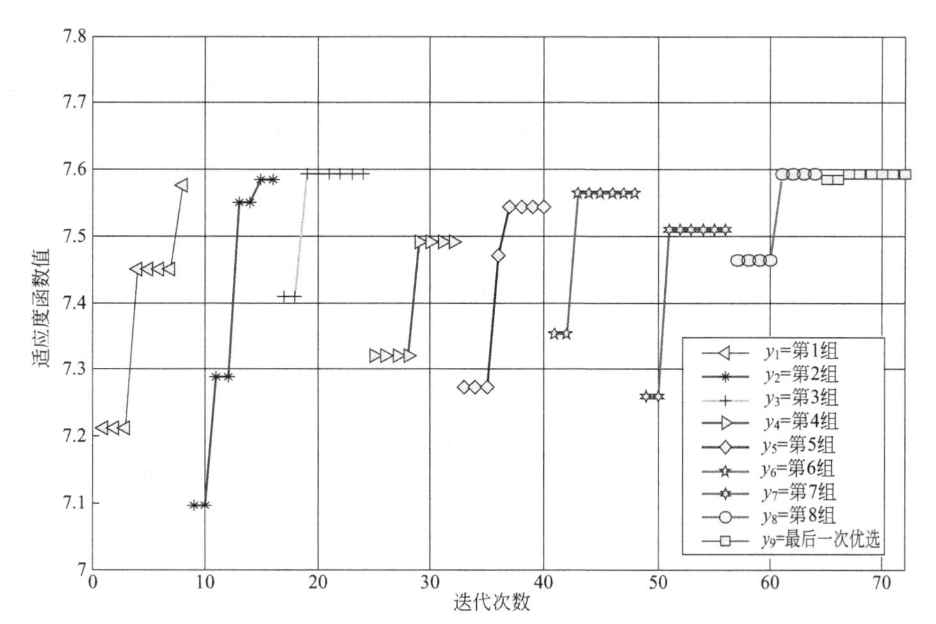

图 3-10 客户对成本等指标重视情况制造商智能优选趋势图

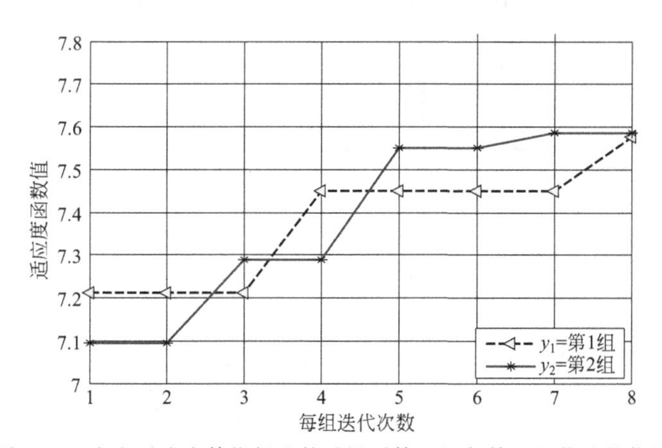

图 3-11 客户对成本等指标比较重视时第 1 组与第 2 组优选趋势图

由仿真结果可知，第 1 组最优制造商为第 8 号制造商，由趋势图可以看出第 1 组智能体最优为第 8 个，代表第 8 号制造商，适应度函数值为 7.5760。第 2 组最优为该组第 7 个智能体，代表第 15 号制造商，适应度函数值为 7.581。

客户对成本等指标比较重视时第 3 组与第 4 组优选趋势如图 3-12 所示。

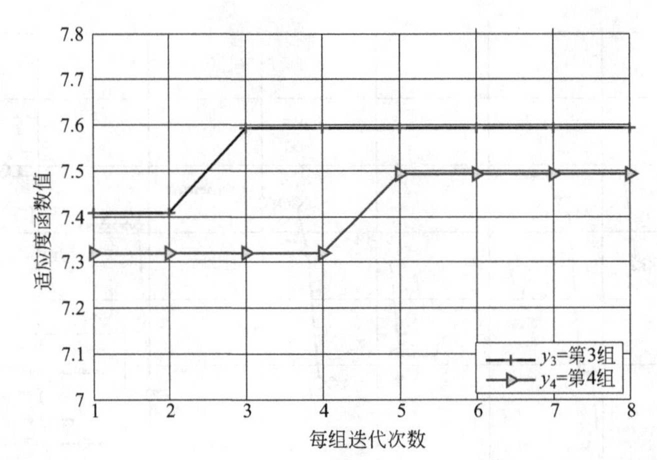

图 3-12　客户对成本等指标比较重视时第 3 组与第 4 组优选趋势图

由仿真结果可知，第 3 组最优为该组第 3 个智能体，代表第 19 号制造商，适应度函数值为 7.5924。第 4 组最优为该组第 5 个智能体，代表第 29 号制造商，适应度函数值为 7.4913。

客户对成本等指标比较重视时第 5 组与第 6 组优选趋势如图 3-13 所示。

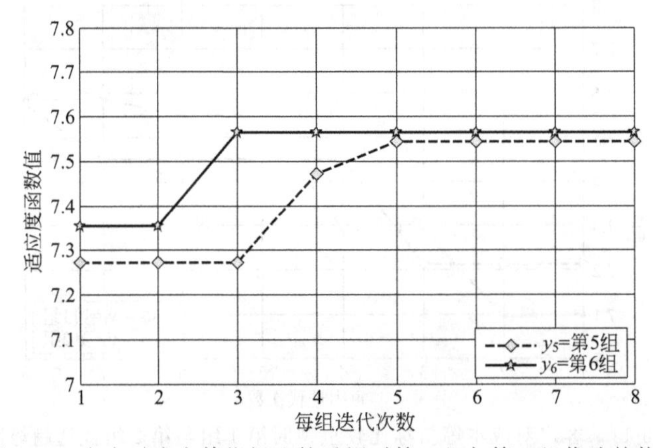

图 3-13　客户对成本等指标比较重视时第 5 组与第 6 组优选趋势图

由仿真结果可知，第 5 组最优为该组第 5 个智能体，代表第 37 号制造商，适应度函数值为 7.5432。第 6 组最优为该组第 3 个智能体，代表第 43 号制造商，适应度函数值为 7.5638。

客户对成本等指标比较重视时第 7 组与第 8 组优选趋势如图 3-14 所示。

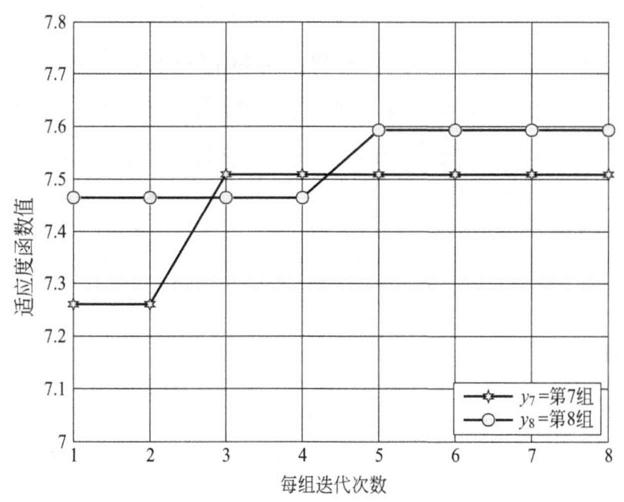

图 3-14 客户对成本等指标比较重视时第 7 组与第 8 组优选趋势图

由仿真结果可知第 7 组最优为该组第 3 个智能体，代表第 51 号制造商，适应度函数值为 7.5093。第 8 组最优为该组第 5 个智能体，代表第 61 号制造商，适应度函数值为 7.5924。

客户对成本等指标比较重视时最后一次优选趋势如图 3-15 所示。

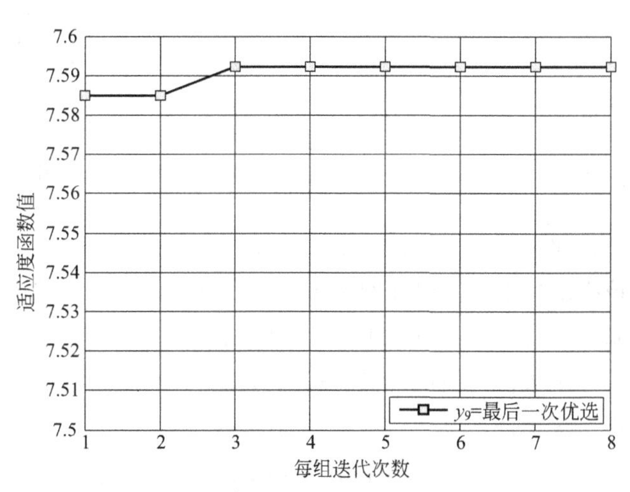

图 3-15 客户对成本等指标比较重视时最后一次优选趋势图

由仿真结果可知，在最后一次优选中，第 3 组与第 8 组最优解相等，迭代过程中第 3 次迭代后的趋势趋向稳定。经过自学习操作后，选择第 61 号制造商为全局最优制造商。

（3）客户对企业资产、企业信誉、企业配送能力指标比较重视情况

样本空间为 62，共产生 8×8 的智能体网格空间，每组竞争与自学习操作，最后产生 8 个组最优解，将 8 个组最优解重新排列进新的网格空间，进行竞争与自学习操作，最终产生的最优解即为制造商智能优选的结果。

客户对企业资产等指标比较重视时优选趋势如图 3-16 所示。

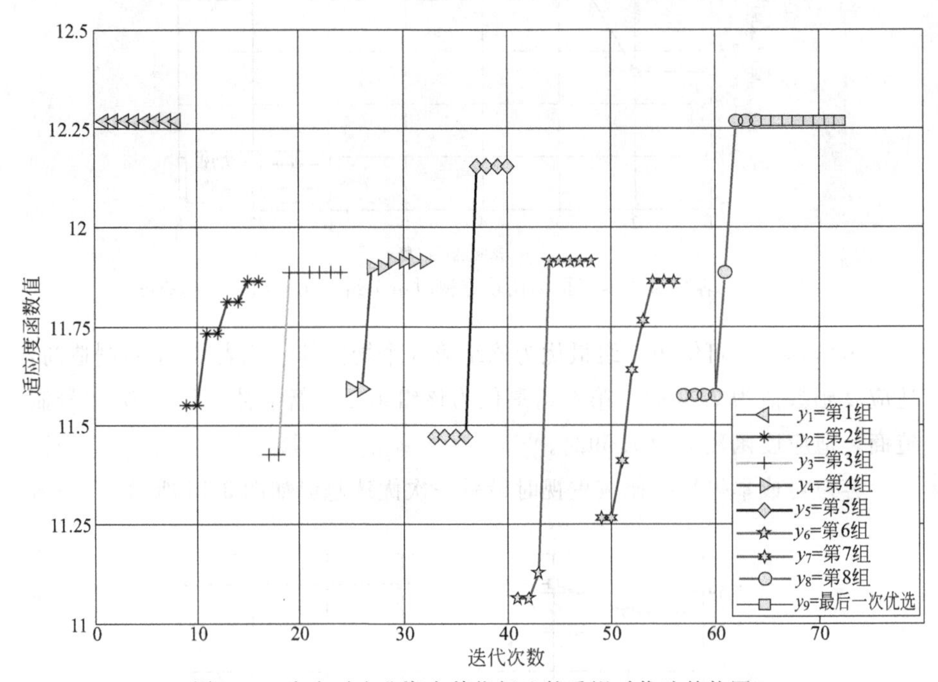

图 3-16 客户对企业资产等指标比较重视时优选趋势图

由客户对企业资产等指标比较重视的优选结果可以看出，每组智能体优选均找到了该组最优解，同时在网格更新后，每组最优解均被排列入网格并完成最终的制造商优选。同时由优选结果可看出，每组均只产生一个最优解，当出现目标函数值与当前最优解相同情况时，智能体通过自学习操作与竞争操作实现二次优选。

客户对企业资产等指标比较重视时第 1 组与第 2 组优选趋势如图 3-17 所示。

由仿真结果可知，第 1 组最优制造商为第 1 号制造商，由趋势图可以看出第 1 组智能体最优为第 1 个，代表第 1 号制造商，适应度函数值为 12.2684。第 2 组最优为该组第 7 个智能体，代表第 15 号制造商，适应度函数值为 11.8647。

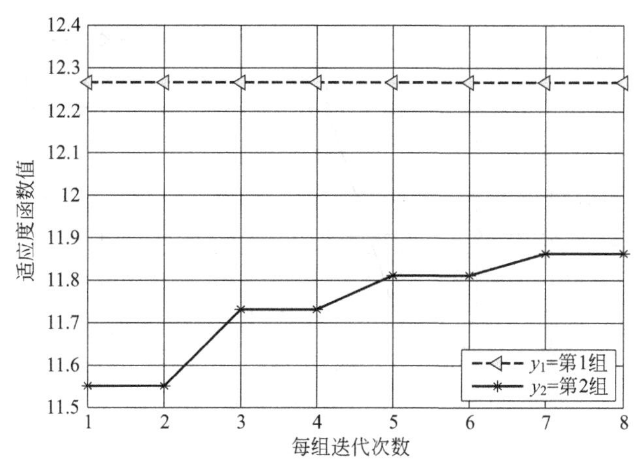

图 3-17　客户对企业资产等指标比较重视时第 1 组与第 2 组优选趋势图

客户对企业资产等指标比较重视时第 3 组与第 4 组优选趋势如图 3-18 所示。

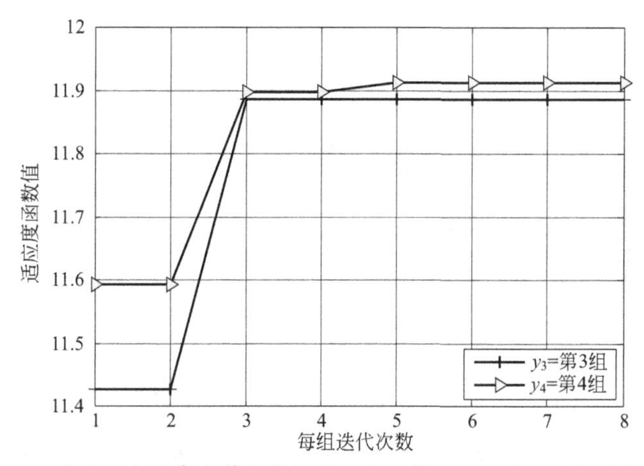

图 3-18　客户对企业资产等指标比较重视时第 3 组与第 4 组优选趋势图

由仿真结果可知，第 3 组最优为该组第 3 个智能体，代表第 19 号制造商，适应度函数值为 11.8862。第 4 组最优为该组第 5 个智能体，代表第 29 号制造商，适应度函数值为 11.9128。

客户对企业资产等指标比较重视时第 5 组与第 6 组优选趋势如图 3-19 所示。

由仿真结果可知，第 5 组最优为该组第 5 个智能体，代表第 37 号制造商，适应度函数值为 12.1537。第 6 组最优为该组第 4 个智能体，代表第 44 号制造商，适应度函数值为 11.9135。

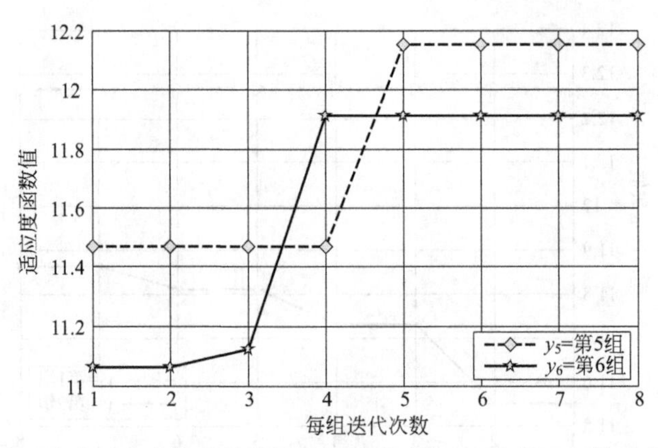

图 3-19 客户对企业资产等指标比较重视时第 5 组与第 6 组优选趋势图

客户对企业资产等指标比较重视时第 7 组与第 8 组优选趋势如图 3-20 所示。

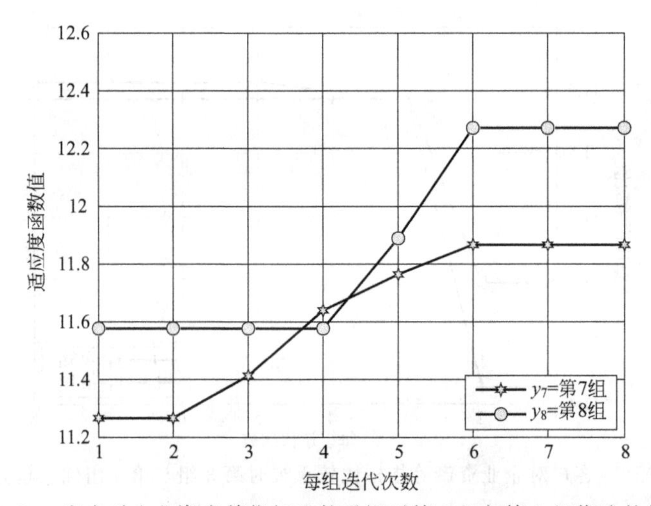

图 3-20 客户对企业资产等指标比较重视时第 7 组与第 8 组优选趋势图

由仿真结果可知，第 7 组最优为该组第 6 个智能体，代表第 54 号制造商，适应度函数值为 11.8645。第 8 组最优为该组第 6 个智能体，代表第 62 号制造商，适应度函数值为 12.2684。

客户对企业配送能力指标比较重视时最后一次优选趋势如图 3-21 所示。

由最优一次优选趋势图可知，第 1 组与第 8 组最优解相等。经过自学习操作后，选择第 62 号制造商为全局最优制造商。

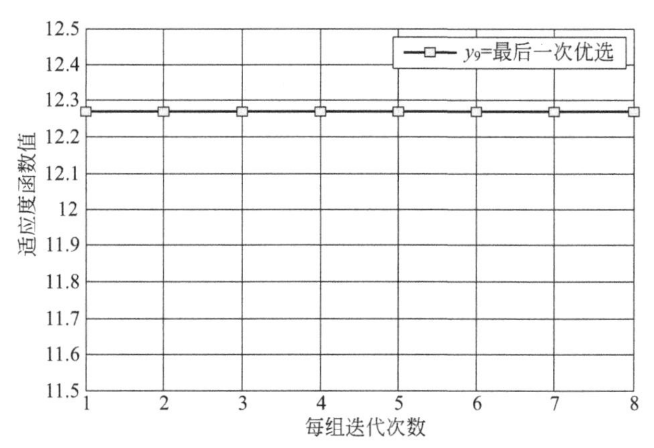

图 3-21　客户对企业资产等指标比较重视时最后一次优选趋势图

通过上述三种情况可以看出，智能体可以按需完成制造商的优选，可以按照客户需求选择不同能力的制造商，使优选更智能化。同时出现适应度值与当前最优解相等时，智能体会根据客户要求进行自学习操作，体现出智能体的灵活性。

3.3 本章小结

本章通过分析云制造环境下制造商优选的影响因素以及制造商本体特征，构建了制造商优选评价指标体系，采用多目标优化的方法，建立了成本、时间、企业资产、企业协调能力、生产协调能力、企业信誉、环保节能、客户服务能力、企业配送能力、工艺可靠性、制造能力评价指标的目标函数，实现制造商优选的建模。提出了一种基于智能优化算法、层次分析法、信息熵理论的云制造商优选方法。采用层次分析法与信息熵理论相结合的方法，客观地确定指标的权重值，并采用智能优化算法来实现制造商的优选。最后以三种不同客户需求下多个制造商的优选为例，说明提出的优选方法可以快速、有效地找到符合客户需求的最优制造商。

第 4 章 云方案智能优选建模与仿真

云方案智能优选是按照企业用户的需求，将云资源池中的可用资源以最优化的状态提取出来，组合成能够为企业创造最高利润的加工方案。为此不仅需要建立合适的数学模型，而且需要采用合适的智能优化方法，才能选出最优的加工方案。本章对云方案智能优选进行建模，并根据人体内大肠杆菌觅食的行为，提出一种基于细菌觅食优化的云方案智能优选方法，并对该方法进行实例仿真模拟。

4.1 云方案智能优选建模

4.1.1 云方案智能优选问题描述

云方案智能优选实质上是指在车间作业计划中对产品加工制造全过程的制造资源进行选择。面对当前网络化制造和云制造资源庞大复杂的现状，用来加工制造每个零件产品的加工方案越来越多，制造资源的选择空间也扩大了许多。企业选择了一个好的加工方案，不仅能够缩短产品的生产时间，而且可以简化制造工艺环节以及节约制造资源，还能大大提高企业的生产效率。因此，面对云制造资源中的众多加工方案，企业如何选择一个最优的加工方案来满足自身需求是一个值得重点关注的问题。这里，对云环境下加工方案选择问题的描述如图 4-1 所示。

在一个庞大的网络化云端资源池里，拥有着大量的制造资源（包括设备资源、物料资源、人力资源、软件资源和技术信息资源等）。资源提供商将它们闲置的资源发布到云端，继而构成云资源池；企业用户若有需要待加工制造的零件产品，根据企业的运行情况，发布适合企业加工方案的需求（例如：生产成本低，生产时间短，加工质量高，原材料和技术专家来源等），通过一系列的智能优化，得到适合不同企业需求的最优加工方案。例如，企业 A 需要生产某型号的变速箱，假设企业 A 发布的需求为生产成本尽可能

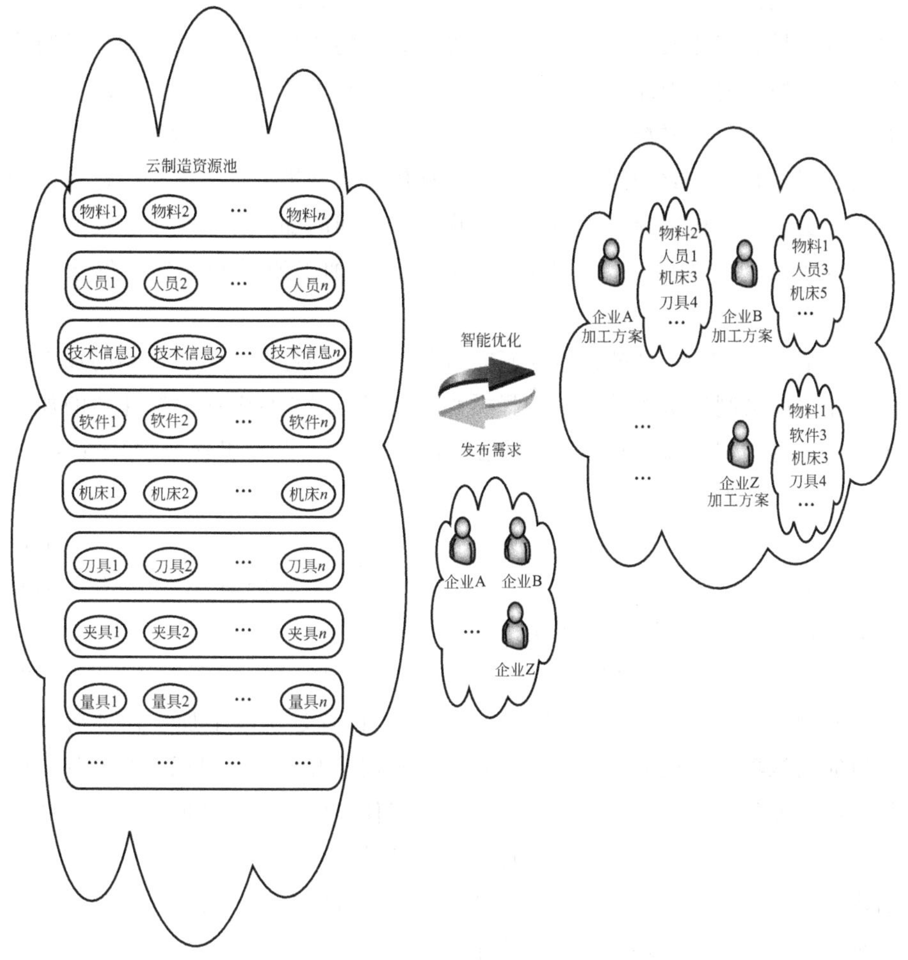

图 4-1　云方案优选流程

低，加工质量要相对较好，还要求指定的技术专家来进行设计指导，以及要用指定材质的原材料等，通过智能优化，找到满足企业 A 的最优的加工方案。

4.1.2 云方案智能优选数学模型

通过云方案智能优选问题的描述，为了实现这个智能优选，需要建立多目标函数优化模型。传统的加工方案只考虑了狭义制造资源对加工方案优选的影响，是具有片面性的，一个好的加工方案的选择需要综合考虑广义制造资源对它的影响。因此，加工方案的选择不仅与生产成本、生产时间、加工质量有关，还和原材料供应，与之相关的人员因素、软件因素和其他一些技术信息因素有关。此种问题可以用多目标优化数学模型来解决。所以对云环境下加工方案优化选择过程建立数学模型，不同的加工方案会给企业带来不同经济效益，主要涉及生产成本、生产时间、加工质量和其他评价指标四大类。

本书以 NGW51 型减速器为研究对象，首先确定该类型减速器的加工工序和相关广义制造资源的可供选择类别。这里假设 NGW51 型减速器的加工工序和其他制造资源的选择类别已经确定，称之为加工任务（Processing task，PT），记为：

$$\boldsymbol{PT}=\{PT_1,PT_2,\cdots,PT_m\} \tag{4-1}$$

对应于每个加工任务 PT_i 都有 n_i 个制造资源（Manufacturing resource，MR）可用来完成该项加工任务，记为：

$$\boldsymbol{MR}=\{MR_1,MR_2,\cdots,MR_n\} \tag{4-2}$$

其中，n_i 的值不是固定的，是可变的，也就是说每个加工任务对应的可以完成该项任务的制造资源的数目不是固定不变的，是可以不相同的。根据不同企业的生产需求，能够完成每项加工任务的制造资源所造成的生产成本、生产时间、加工质量和其他评价指标都是不同的。为了满足企业的生产需求和设计要求，需要给每项加工任务匹配适合的制造资源，最终选出最优的加工方案。此外，还需要设计变量 x_{ij}。

$$x_{ij}(i=1,2,,\cdots,m;\quad j=1,2,\cdots,n) \tag{4-3}$$

当第 i 个加工任务选择对应制造资源中的第 j 个资源加工时，记 x_{ij} 的值为 1，否则记为 0，总体公式表示为：

$$x_{ij}=\begin{cases}1 & \text{任务 } i \text{ 选择对应制造资源中的第 } j \text{ 个资源加工} \\ 0 & \text{其余情况}\end{cases}$$

但是在具体使用设计变量时，例如制造资源 j 还有详细的分类需要体现出来时，还需要对设计变量进行及时调整，故设计变量还可表示为：

$$x_{ijk}=\begin{cases}1 & \text{任务 } i \text{ 选择对应制造资源中的第 } j \text{ 个资源类中的编号为 } k \text{ 的资源加工} \\ 0 & \text{其余情况}\end{cases}$$

在完成设计多目标函数之前的设定后，需要分别对生产成本、生产时间、加工质量和其他评价指标等影响因素设计函数模型。

（1）生产成本目标函数

$$f_1(x)=C_1+C_2+\cdots+C_n=\sum_{i=1}^{m}\sum_{j=1}^{t}\sum_{k=1}^{l_1}C_{ijk}^{\text{she}}x_{ijk}+\sum_{i=1}^{m}\sum_{k=1}^{l_2}C_{ik}^{\text{wu}}x_{ik}+\sum_{i=1}^{m}\sum_{k=1}^{l_3}C_{ik}^{\text{ren}}x_{ik}+\sum_{i=1}^{m}\sum_{k=1}^{l_4}C_{ik}^{\text{jishu}}x_{ik}+\sum_{i=1}^{m}\sum_{k=1}^{l_5}C_{ik}^{\text{ruan}}x_{ik}+\cdots+\sum_{i=1}^{m}\sum_{k=1}^{l_n}C_{ik}^{N}x_{ik} \tag{4-4}$$

式中，C_{ijk}^{she} 表示第 j 类设备资源中编号为 k 的设备资源可用来完成第 i 个加工任务时的成本；C_{ik}^{wu}、C_{ik}^{ren}、C_{ik}^{ruan}、C_{ik}^{jishu}、C_{ik}^{N} 分别表示编号为 k 的物料、人员、软件、技术信息资源、名称为 N 的资源可用来完成第 i 个加工任务时的成本；其中，$i=1$，…，m 代表可加工任务数；$j=1$，…，t 代表设备资源类别数（机床、刀具、夹具、量具等）；$k=1$，…，（l_1 或 l_2 或 l_3 或 l_4 或 l_5…或 l_n）代表资源编号；$l_1 \sim l_n$ 分别表示设备资源中具体资源数量（如机床个数）、物料资源数量、人员数量、软件资源数量、技术信息资源数量……名称为 N 的资源的数量。

（2）生产时间目标函数

$$f_2(x)=T_1+T_2+\cdots+T_n=\sum_{i=1}^{m}\sum_{j=1}^{t}\sum_{k=1}^{l_1}T_{ijk}^{\text{jiben}}x_{ijk}+\sum_{i=1}^{m}\sum_{j=1}^{t}\sum_{k=1}^{l_1}T_{ijk}^{\text{fuzhu}}x_{xjk}+\sum_{i=1}^{m}\sum_{j=1}^{t}\sum_{k=1}^{l_1}T_{ijk}^{\text{fuwu}}x_{ijk}+\sum_{i=1}^{m}\sum_{k=1}^{l_2}T_{ik}^{\text{wu}}x_{ik}+\sum_{i=1}^{m}\sum_{k=1}^{l_3}T_{ik}^{\text{ren}}x_{ik}+\sum_{i=1}^{m}\sum_{k=1}^{l_4}T_{ik}^{\text{jishu}}x_{ik}+\cdots+\sum_{i=1}^{m}\sum_{k=1}^{l_n}T_{ik}^{N}x_{ik} \tag{4-5}$$

式中，T_{ijk}^{jiben}、T_{ijk}^{fuzhu}、T_{ijk}^{fuwu} 分别表示第 j 类设备资源中编号为 k 的设备资源可以用来完成第 i 个加工任务时的基本时间、辅助时间、服务时间；T_{ik}^{wu} 表示编号为 k 的物料资源可以用来完成第 i 个加工任务时的到达时间；T_{ik}^{ren} 表示编号为 k 的人员可以用来完成第 i 个加工任务时的休息时间；T_{ik}^{jishu} 表示编号为 k 的技术信息资源可以用来完成第 i 个加工任务时的到达时间；T_{ik}^{N} 表示编号为 k 的名称为 N 的资源可以用来完成第 i 个加工任务时的时间。$k=1$，2，…，l（其中前三个公式中 k 的取值 l_1 与 j 的取值有关）

表示资源编号。

(3) 加工质量目标函数

$$f_3(x)=Q_1+Q_2+\cdots+Q_n=\sum_{i=j}^{m}\sum_{j=1}^{t}\sum_{k=1}^{l_1}Q_{ijk}x_{ijk}+$$

$$\sum_{i=1}^{m}\sum_{k=1}^{l_2}Q_{ik}^{\mathrm{wu}}x_{ik}+\cdots+\sum_{i=1}^{m}\sum_{k=1}^{l_n}Q_{ik}^{N}x_{ik} \tag{4-6}$$

式中，Q_{ijk} 表示第 j 类设备资源中编号为 k 的设备资源在完成第 i 个加工任务时的加工质量精度；Q_{ik}^{wu} 表示编号为 k 的物料资源在完成第 i 个加工任务时的精度；Q_{ik}^{N} 表示编号为 k 的名称为 N 的资源在完成第 i 个加工任务时的精度。

(4) 其他评价指标目标函数

1) 物料资源目标函数为：

$$f_4(x)=M_1+M_2+\cdots+M_n=\sum_{i=1}^{m}\sum_{k=1}^{l_2}\left(\sum_{p=1}^{n_1}M_{ikp}-C_{ik}^{\mathrm{wu}}\right)x_{ik} \tag{4-7}$$

式中，i 表示可加工任务数；k 表示编号为 k 的物料资源；$p=1,2,\cdots,n_1$，表示物料资源中评价指标（商家信誉度、物料等级等）个数；M_{ikp} 表示编号为 k 的物料资源可以用来完成第 i 个加工任务时的第 p 个评价指标值。

这里采用 $\sum\limits_{p=1}^{n_1}M_{ikp}-C_{ik}^{\mathrm{wu}}$ 的目的是保证筛选物料资源时，在此类评价指标下选出的物料资源和前面筛选出的物料资源是同一个，防止出现评价指标高的物料资源和成本低的物料资源不是同一个物料资源。

2) 人力资源目标函数为：

$$f_5(x)=E_1+E_2+\cdots+E_n=\sum_{i=1}^{m}\sum_{k=1}^{l_3}\left(\sum_{p=1}^{n_2}E_{ikp}-C_{ik}^{\mathrm{ren}}\right)x_{ik} \tag{4-8}$$

式中，i 表示可加工任务数；$p=1,2,3,4,\cdots,n_2$，表示人力资源的评价指标（知名度、成果著作、人员级别、学历等）个数；E_{ikp} 表示编号为 k 的人力资源可以用来完成第 i 个加工任务时的第 p 个评价指标值。

3) 技术信息资源目标函数为：

$$f_6(x)=F_1+F_2+\cdots+F_n=\sum_{i=1}^{m}\sum_{k=1}^{l_4}\left(\sum_{p=1}^{n_3}F_{ikp}-C_{ik}^{\mathrm{jishu}}\right)x_{ik} \tag{4-9}$$

式中，i 表示可加工任务数；$p=1, 2, 3, 4, \cdots, n_3$，表示技术信息资源评价指标（信息可靠度等）个数；$F_{ikp}$ 为信息可靠度，是技术信息资源中的评价指标，表示编号为 k 的技术信息资源可以用来完成第 i 个加工任务时的评价指标值。

4）软件资源目标函数为：

$$f_7(x)=S_1+S_2+\cdots+S_n=\sum_{i=1}^{m}\sum_{k=1}^{l_5}\left(\sum_{p=1}^{n_4}S_{ikp}-C_{ik}^{\text{ruan}}\right)x_{ik} \quad (4\text{-}10)$$

式中，i 表示可加工任务数；$p=1, 2, \cdots, n_4$，表示软件资源的评价指标（软件的稳定性、分析能力等）个数；S_{ikp} 表示编号为 k 的软件资源可以用来完成第 i 类加工任务时的第 p 个评价指标值。

在其他评价指标目标函数中，除了物料资源、人力资源、技术信息资源和软件资源外，还可能有其他资源，这里可以根据实际情况添加对应的其他资源评价函数，如式(4-11) 所示：

$$f_n(x)=\sum_{i=1}^{m}\sum_{k=1}^{l_{n-2}}\left(\sum_{p=1}^{n_N}N_{ikp}-C_{ik}\right)x_{ik} \quad (4\text{-}11)$$

式中，i 表示可加工任务数；$p=1, 2, \cdots, n_N$，表示名称为 N 的资源的评价指标个数；N_{ikp} 表示编号为 k 的名称为 N 的资源可以用来完成第 i 个加工任务时的第 p 个评价指标值。

综上所述，云制造环境下加工方案优选的总目标函数如式(4-12) 所示：

$$F(x)=W_1f_1(x)+W_2f_2(x)+W_3f_3(x)+W_4f_4(x)+\cdots+W_i[\pm f_i(x)]+\cdots+W_n[\pm f_n(x)] \quad (4\text{-}12)$$

式中，$i=1, \cdots, n$；$f_n(x)$ 正负的取值取决于 n 代表的具体含义，如果 $f_n(x)$ 为最大化问题，则取负值，如果 $f_n(x)$ 为最小化问题，则取正值；W_i 为各目标函数的权重。

4.1.3 云方案优选评价指标

（1）生产成本

生产成本是指企业或者工厂在生产某类产品时所产生的直接费用和间接

费用的总和。主要包含：

① 设备加工费 C_1。是指工件由设备加工的直接费用。

② 物料总成本 C_2。是指零件的加工材料所花费用，主要包括物料的直接成本、运输费、存储费。

③ 人员聘请费 C_3。是指聘请技术专家、工人技师、管理人才以及支付操作工人工资所花费用。

④ 技术信息费 C_4。是指在生产加工过程中，获取各种工艺信息、物流信息以及管理信息所花费用。

⑤ 软件使用费 C_5。是指在加工零件过程中使用相关软件的费用。

⑥ 其他费用 C_n。是指名称为 N 的资源所花的费用，可以根据实际情况适当添加相关费用成本。

（2）生产时间

生产时间是指企业或工厂生产某类产品从准备开始到生产完成时耗费在人力和物力上的时间。主要包括：

① 基本时间 T_1。指使加工对象的尺寸大小、形状、位置、形态、外表或内在性质发生变化所用的时间。

② 辅助时间 T_2。完成制造零件加工过程所进行的各种辅助操作所消耗的时间，包括装卸工件、进刀退刀、机器启动和关闭时间等。

③ 服务时间 T_3。为保证零件加工过程的正常进行，工人更换刀具、调整刀具或砂轮、润滑机床、清理切屑和收拾工具等所耗费的时间。

④ 物料到达时间 T_4。指物料由供应商地址运输到加工工厂所用的时间。

⑤ 人员休息时间 T_5。指人力资源中的技术专家、工人技师和操作工人等满足生活条件必需的休息时间。

⑥ 技术信息到达时间 T_6。指由上级人员发布的相关技术信息到达加工车间所用的时间。

⑦ 其他时间 T_n：是指名称为 N 的资源所花费的时间，可以根据实际情况添加对应生产时间。

（3）加工质量

加工质量是指产品的精度达到生产要求的程度，由于影响因素甚多，这里只考虑主要的影响因素，主要包括：

① 设备资源影响精度 Q_1。a. 机床精度，这里影响机床加工质量的因素总结为尺寸精度、形状精度、位置精度、表面质量精度。b. 刀具精度，影响刀具选择的主要参数，包括刀具几何参数（前角、后角、主偏角、副偏角、刃倾角），刀具材料，刀具切削用量，刀具寿命（耐磨程度）。c. 夹具精度，夹具是装夹工件和引导刀具的装置，影响夹具夹紧精度的主要因素有定位精度、夹紧力大小。d. 量具精度，量具是直接用来测量待测工件的精度是否达到加工要求的器材，影响因素主要有测量量程、测量精度。

② 物料资源影响精度质量 Q_2。是指物料资源对加工零件产品的影响精度。

③ 其他资源影响产品精度质量 Q_n。可以根据实际情况添加相应影响加工质量的因素。

（4）其他指标

1）物料资源评价指标影响因素。主要包括：

① 商家信誉度 M_1。是指工厂和商家进行交易活动时，商家对合同、协议等的遵守程度进而影响第二次活动的正常进行的因素，也可以理解为商家在该行业的口碑。

② 物料等级 M_2。根据商家提供原材料质量的好坏、耐用程度等，将物料归为不同的分类等级。

③ 物料资源的其他属性 M_n。可以根据实际情况添加对应的物料资源评价影响因素。

2）人力资源评价指标影响因素。主要包括：

① 人员知名度 E_1。是指参与加工过程的相关人员在同行业的信誉度（口碑）。

② 人员成果著作 E_2。指相关人员在其从事行业所做出的成就和成果。

③ 人员级别 E_3。指相关人员通过获取职称或者考取相关证书获得的身份级别。

④ 人员学历 E_4。指相关人员的学历（高中及以下、专科、本科、研究生等）。

⑤ 人力资源的其他属性 E_n，可以根据实际情况添加对应人力资源评价影响因素。

3）技术信息资源评价指标影响因素。主要包括：

① 技术信息可靠度 F_1。指在产品的加工过程中可能产生的一切与之相关的技术和信息方面的指导内容等的可靠程度。

② 技术信息资源的其他资源属性 F_n。可以根据实际情况添加对应技术信息资源评价影响因素。

4）软件资源评价指标影响因素。主要包括：

① 软件稳定性 S_1。指该类软件在使用过程中会出现软件卡顿、崩溃现象的程度，即稳定性程度。

② 软件分析能力 S_2。是指在加工过程中，软件本身的分析能力（精确度）对制造加工过程的影响程度。

③ 软件资源的其他属性 S_n。可以根据实际情况添加对应评价影响因素。

4.2 云方案智能优选仿真

4.2.1 细菌觅食优化算法简介

细菌觅食优化算法（Bacteria Foraging Optimization，BFO）是 Passino 于 2002 年提出的模拟人类肠道中大肠杆菌觅食的一种仿生随机搜索算法。直到 2007 年才正式引入国内，国内关于细菌觅食优化算法的研究成果还很少，但是由于细菌觅食算法具有对初始值和基本类型参数选择不太敏感、操作简单、容易快速实现以及并行处理和全局搜索等优点，因此被许多科研工作者采用。

（1）细菌觅食算法基本原理

大肠杆菌在觅食过程中，能够朝着食物源方向移动，而且能够躲避有毒物质。该算法的基本原理是将对应问题的数学模型进行编码，并且能够构造对应于细菌能量状态的评价适应度函数，然后编码产生初始细菌群体，按照趋化、繁殖和迁徙这三个主要循环算子进行寻优求解。

趋化算子是算法的核心，细菌在觅食的过程中主要进行翻转和游动两个运动。翻转是指为了寻找一个新的方向而发生的转动，游动是指保持方向不变继续向前运动。趋化开始时，细菌先朝着任意一个随机方向游动一步，如果该方向上的适应度函数值比上一个位置的适应度函数值高，那么细菌则继续沿着该方向游动，直到达到最大次数才能停止；如果该方向上的适应度值比上一个位置的适应度值低，细菌则改变游动方向，发生翻转，直到寻找适应度值更好的位置为止。细菌 i 的趋向操作表示为：

$$X_i(j+1,k,l)=X_i(j,k,l)+step(i)\phi(i) \tag{4-13}$$

式中，$step(i)$ 表示游动步长；$\phi(i)$ 表示进行翻转后的单位步长。

细菌在执行完趋化操作后，觅食能力较弱的大肠杆菌（细菌）被淘汰死亡，觅食能力较强的大肠杆菌得到繁殖传到下一代，这种行为被称为繁殖操作。这里设置细菌 i 的健康度函数（也叫能量函数），需给定繁殖次数 k，迁徙次数 l 以及每个 i 的值，定义健康度函数如下：

$$J^i_{\text{health}}=\sum_{i=1}^{Nc+1} J^i(j,k,l) \tag{4-14}$$

健康度 J_{health} 值越大，表示细菌觅食能力就越强。将这些细菌的健康度值从小到大进行排序，淘汰掉健康度值较低的一半细菌群体，繁殖健康度值较高的另一半细菌群体，得到的子代细菌具有与父代细菌相同的觅食能力。

当细菌生活的周围环境发生变化（如食物消耗殆尽等）时，细菌若不发生迁徙，就会面临死亡，细菌从旧区域迁徙到新区域的行为称为迁徙操作。令细菌以一定的迁徙概率 P_{ed} 执行迁徙操作，这样细菌会被重新分配到寻优空间，虽然迁徙操作会破坏细菌的趋向行为，但是从长远角度来看，它能够使新产生的个体更接近全局最优解。

（2）算法流程及步骤

根据细菌觅食优化算法的原理可以得到算法的基本流程，如图 4-2 所示。

算法的主要步骤如下：

① 种群、各类初始参数和细菌初始位置的初始化。

② 趋化操作循环，包括翻转和游动。

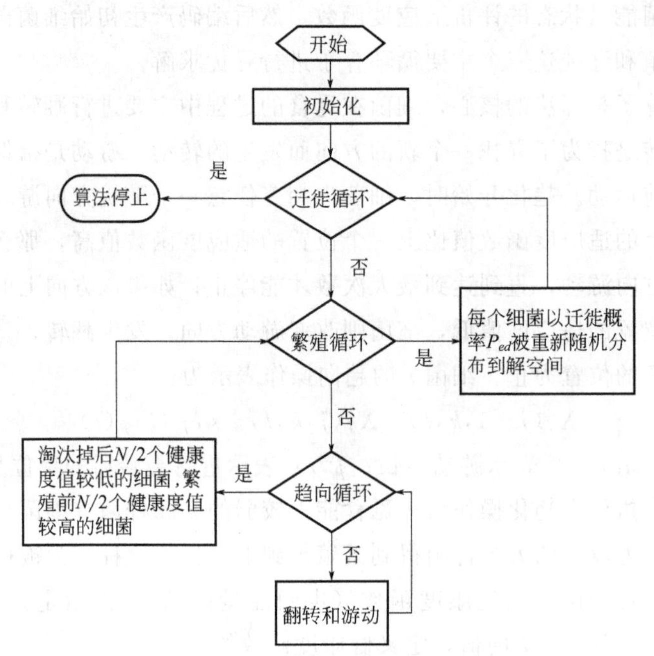

图 4-2　标准细菌觅食算法基本流程图

③ 繁殖操作循环。

④ 迁徙操作循环。

⑤ 判断循环是否结束，若结束则输出最优解，否则返回步骤②。

4.2.2 基于层次分析法和熵权法的权重计算

（1）基于改进层次分析法和熵权法的权重计算方法

根据层次分析法和熵权法的原理，构建基于改进层次分析法和熵权法的权重计算方法。通过改进层次法求得权重，不需要对其进行一致性检验，而是用熵权法进行修正，这样可以中和层次分析法的主观性和熵权法的客观性，使求得的权重值能够更好地体现各个指标之间的相对重要性。具体步骤如下：

① 用层次分析法，按照标度 0～9 的方式构建初始判断矩阵 $\mathbf{A}=$

$(a_{ij})_{n\times n}$。

② 采用和积法求解权重，首先按照式(4-15) 进行归一化处理，得到归一化标准矩阵 $\boldsymbol{P}$，$\boldsymbol{P}=(P_{ij})_{n\times n}$。

$$P_{ij}=\frac{a_{ij}}{\sum_{i=1}^{n}a_{ij}} \tag{4-15}$$

③ 按照式(4-16) 和式(4-17) 计算由改进层次分析法得到的权重 W_i。

$$\overline{W_i}=\sum_{j=1}^{n}P_{ij} \tag{4-16}$$

$$W_i=\frac{\overline{W_i}}{\sum_{i}^{n}\overline{W_i}} \tag{4-17}$$

④ 对步骤②中的标准矩阵 $\boldsymbol{P}$ 按照式(4-18) 计算信息熵。

$$e_j=-(\ln n)^{-1}\sum_{i=1}^{n}\boldsymbol{P}_{ij}\ln\boldsymbol{P}_{ij}(i,j=1,2,\cdots,n) \tag{4-18}$$

式中，$e_j(0\leqslant e_j\leqslant 1)$ 为第 j 项指标的熵值；$\frac{1}{\ln n}$是信息熵系数。

⑤ 计算指标的信息熵权重。

$$u_j=\frac{1-e_j}{n-\sum_{j=1}^{n}e_j} \tag{4-19}$$

⑥ 用熵权法获得权重来修正层次分析法得出的指标权重。

$$wu_j=\frac{u_jW_j}{\sum_{j=1}^{n}u_jW_j} \tag{4-20}$$

式中，wu_j 表示修正后的权重值；W_j 表示层次分析法求得的权重值；u_j 表示熵权法求得的权重值。

(2) 构造递阶层次模型

基于上述改进后的层次分析法和熵权法求取权重的原理及步骤，构造递阶层次模型，如图 4-3 所示。目标层为方案优选，第一层指标因素包括生产成本、生产时间、加工质量和其他评价指标，下一层指标因素分别包括第一层对应的子因素。

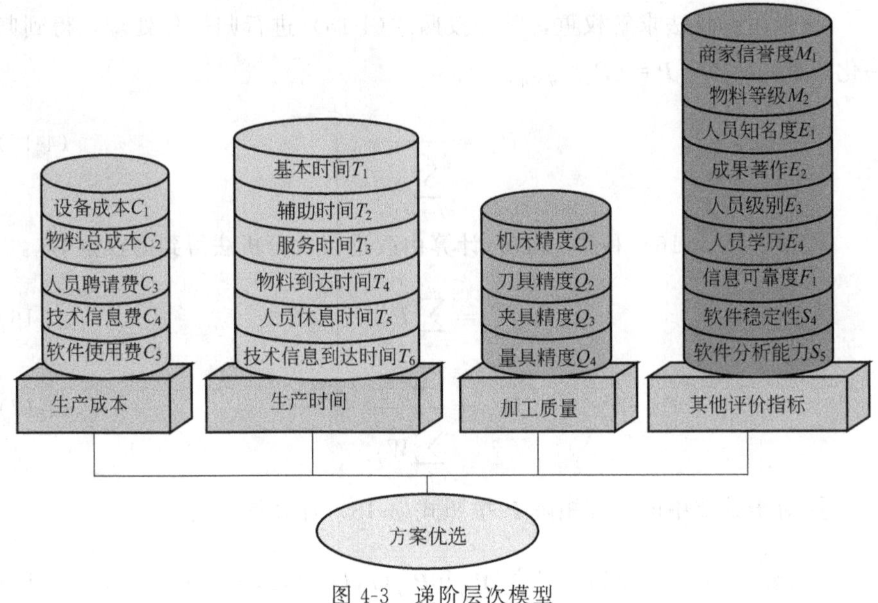

图 4-3　递阶层次模型

(3) 构造判断矩阵

通过比较各个加工方案评价指标的相对重要程度，可得影响加工方案选择的评价指标如图 4-3 所示。第一层评价指标分别为生产成本 C、生产时间 T、加工质量 Q 和其他评价指标 P。假定生产成本最重要，生产时间比加工质量重要，加工质量比其他评价指标重要。依据 1～9 标度构造判断矩阵如表 4-1 所示。

表 4-1　目标层初始判断矩阵

指标	C	T	Q	P
C	1	4	3	4
T	1/4	1	2	1
Q	1/3	1/2	1	2
P	1/4	1	1/2	1

与生产成本相关的子因素包括设备加工成本 C_1、物料总成本 C_2、人员聘请费 C_3、技术信息费 C_4、软件使用费用 C_5、判断矩阵如表 4-2 所示。

表 4-2 生产成本判断矩阵

子因素	C_1	C_2	C_3	C_4	C_5
C_1	1	2	3	3	3
C_2	1/2	1	2	2	2
C_3	1/3	1/2	1	1	1
C_4	1/3	1/2	1	1	1
C_5	1/3	1/2	1	1	1

与生产时间相关的子因素包括基本时间 T_1、辅助时间 T_2、服务时间 T_3、物料达到时间 T_4、人员休息时间 T_5、技术信息达到时间 T_6，判断矩阵如表 4-3 所示。

表 4-3 生产时间判断矩阵

子因素	T_1	T_2	T_3	T_4	T_5	T_6
T_1	1	3	3	2	3	4
T_2	1/3	1	1	1/2	1	2
T_3	1/3	1	1	1/2	1	2
T_4	1/2	2	2	1	2	3
T_5	1/3	1	1	1/2	1	2
T_6	1/4	1/2	1/2	1/3	1/2	1

与加工质量相关的子因素包括机床精度 Q_1、刀具精度 Q_2、夹具精度 Q_3、量具精度 Q_4，判断矩阵如表 4-4 所示。

表 4-4 加工质量判断矩阵

子因素	Q_1	Q_2	Q_3	Q_4
Q_1	1	2	3	2
Q_2	1/2	1	2	1
Q_3	1/3	1/2	1	1/2
Q_4	1/2	1	2	1

与其他评价指标相关的子因素包括商家信誉度 M_1、物料等级 M_2、人员知名度 E_1、成果著作 E_2、人员级别 E_3、人员学历 E_4、技术信息可靠程度 F_1、软件稳定性 S_1、软件分析能力 S_2，判断矩阵如表 4-5 所示。

表 4-5 其他评价指标判断矩阵

子因素	M_1	M_2	E_1	E_2	E_3	E_4	F_1	S_1	S_2
M_1	1	1	2	2	2	2	4	5	5
M_2	1	1	2	2	2	2	4	5	5
E_1	1/2	1/2	1	1	1	1	3	4	4
E_2	1/2	1/2	1	1	1	1	3	4	4
E_3	1/2	1/2	1	1	1	1	3	4	4
E_4	1/2	1/2	1	1	1	1	3	4	4
F_1	1/4	1/4	1/3	1/3	1/3	1/3	1	2	2
S_1	1/5	1/5	1/4	1/4	1/4	1/4	1/2	1	1
S_2	1/5	1/5	1/4	1/4	1/4	1/4	1/2	1	1

(4) 权重计算及修正

① 根据计算权重原理及步骤得到层次分析法权重向量。

目标层：(0.5307，0.1807，0.1656，0.1230)。

生产成本层：(0.38，0.23，0.13，0.13，0.13)。

生产时间层：(0.35，0.12，0.12，0.22，0.12，0.07)。

加工质量层：(0.42，0.23，0.12，0.23)。

其他评价指标层：(0.21，0.21，0.12，0.12，0.12，0.12，0.04，0.03，0.03)。

② 由熵权法计算得到权重向量。

目标层：(0.2323，0.3606，0.2082，0.1989)。

生产成本层：(0.1800，0.2836，0.1788，0.1788，0.1788)。

生产时间层：(0.1416，0.1783，0.1783，0.2338，0.1783，0.0897)。

加工质量层：(0.4634，0.2260，0.1275，0.1804)。

其他评价指标层：(0.0848，0.0848，0.1487，0.1487，0.1487，0.1487，0.1012，0.0672，0.0672)。

③ 对由层次分析法和熵权法计算得到的权重值进行修正，得到各个评价指标的权重值。

目标层：$wu_1=0.50$，$wu_2=0.26$，$wu_3=0.14$，$wu_4=0.10$。

生产成本：$wu_1=0.35$，$wu_2=0.32$，$wu_3=0.11$，$wu_4=0.11$，$wu_5=0.11$。

生产时间：$wu_1=0.29$，$wu_2=0.12$，$wu_3=0.30$，$wu_4=0.12$，$wu_5=0.12$，$wu_6=0.05$。

加工质量：$wu_1=0.69$，$wu_2=0.14$，$wu_3=0.05$，$wu_4=0.120$。

其他评价指标：$wu_1=0.16$，$wu_2=0.16$，$wu_3=0.15$，$wu_4=0.15$，$wu_5=0.15$，$wu_6=0.15$，$wu_7=0.04$，$wu_8=0.02$，$wu_9=0.02$。

各个评价指标的权重如表 4-6 所示。

表 4-6　生产成本最低时的各评价指标权重

评价指标	生产成本	生产时间	加工质量	其他评价指标	生产成本低
	0.5	0.26	0.14	0.1	总权重值
C_1	0.35				0.175
C_2	0.32				0.16
C_3	0.11				0.055
C_4	0.11				0.055
C_5	0.11				0.055
T_1		0.29			0.0754
T_2		0.12			0.0312
T_3		0.3			0.078
T_4		0.12			0.0312
T_5		0.12			0.0312
T_6		0.05			0.013
Q_1			0.27		0.0378
Q_2			0.37		0.0518
Q_3			0.09		0.0126
Q_4			0.27		0.0378
M_1				0.16	0.016
M_2				0.16	0.016
E_1				0.15	0.015
E_2				0.15	0.015
E_3				0.15	0.015
E_4				0.15	0.015
F_1				0.04	0.004

续表

评价指标	生产成本	生产时间	加工质量	其他评价指标	生产成本低
	0.5	0.26	0.14	0.1	总权重值
S_1				0.02	0.002
S_2				0.02	0.002

运用同样的方法，在计算评价指标为加工质量最高时的一组权重值如表 4-7 所示。

表 4-7 加工质量最高时的各评价指标权重

评价指标	生产成本	生产时间	加工质量	其他评价指标	加工质量高
	0.09	0.27	0.37	0.27	总权重值
C_1	0.18				0.0162
C_2	0.32				0.0288
C_3	0.32				0.0288
C_4	0.09				0.0081
C_5	0.09				0.0081
T_1		0.29			0.0783
T_2		0.12			0.0324
T_3		0.3			0.081
T_4		0.12			0.0324
T_5		0.12			0.0324
T_6		0.05			0.0135
Q_1			0.27		0.0999
Q_2			0.37		0.1369
Q_3			0.09		0.0333
Q_4			0.27		0.0999
M_1				0.16	0.0432
M_2				0.16	0.0432
E_1				0.15	0.0405
E_2				0.15	0.0405
E_3				0.15	0.0405
E_4				0.15	0.0405
F_1				0.04	0.0108

续表

评价指标	生产成本	生产时间	加工质量	其他评价指标	加工质量高
	0.09	0.27	0.37	0.27	总权重值
S_1				0.02	0.0054
S_2				0.02	0.0054

4.2.3 基于细菌觅食优化的云方案智能优选方法

为了构建基于细菌觅食优化的云方案优选模型，首先要根据云制造环境下加工方案的特点，对该问题进行编码和适应度函数的构造，并且构建基于细菌觅食优化的云方案智能优选流程。本节将详细介绍该方法的内容，采用对细菌位置取整的编码方式，有利于对细菌在觅食过程中进行精确定位，适应度函数采用线性加权方法，不同评价指标的权重值由层次分析法和熵权法来计算获取，最后利用细菌觅食理论在Matlab环境下编程，寻找最优加工方案。

(1) 编码

编码的目的是将实际问题向数学解空间进行转换，方便计算机识别。本书在利用细菌觅食优化算法理论解决云制造资源加工方案选择问题时，采用细菌位置编码的方式，并对细菌位置数值取整，用集合 $\boldsymbol{X}=\{\boldsymbol{X}_i \mid \boldsymbol{X}_i \in \boldsymbol{X}, i=1,\cdots,n\}$ 表示细菌群的加工方案，其中每个子集 $\boldsymbol{X}_i=(x_1,x_2,\cdots,x_m)$ 表示每个细菌对应的一个加工方案，x_m 表示细菌的一个加工方案中第 m 个加工任务所选择的资源编号，m 表示加工任务的数目。例如 $\boldsymbol{X}_i=(3,2,1,3,2,4,1)$ 表示该零件共有7个加工任务，第1个加工任务采用对应制造资源中编号为3的资源进行加工，第2个加工任务采用制造资源中编号为2的资源进行加工，以此类推。

(2) 适应度函数构造

适应度函数构造是细菌觅食优化过程中必须实施而且非常重要的一步，适应度函数的取值直接反映了细菌群体觅食寻优的能力，适应度值越小，表明细菌越接近最优解。云制造环境下加工方案的选择问题实际上属于最优化问题，目的是选出最优化的加工方案，即每个加工任务所选择的最优资源编号，这里所构造的适应度函数是选择资源编号的一个标尺。适应度函数为：

$$F(x)=W_1f_1(x)+W_2f_2(x)-W_3f_3(x)-W_4f_4(x)+\cdots+ W_i[\pm f_i(x)]+\cdots+W_n[\pm f_n(x)] \quad (4\text{-}21)$$

约束条件为 $\sum_{i=1}^{n}W_i=1$，其他条件见加工方案评价指标小节。W_i 是生产成本、生产时间、加工质量和其他评价指标等所对应的各个评价因素的权重，由层次分析法和熵权法确定，求取适应度函数的最小值。

（3）趋化操作

趋化操作是细菌觅食优化算法的核心，决定着细菌搜索食物源位置的改变方式，并对细菌能否找到食物源起着决定性作用。细菌位置发生翻转（改变游动方向）的方式为：

$$X_i(j+1,k,l)=fix[X_i(i,k,l)+\mathrm{rand}()\times step\times\Phi(i)] \quad (4\text{-}22)$$

至此，细菌位置改变方式和构造的适应度函数就建立了联系，细菌位置的取值代表了每个加工方案中每个加工任务所选择的资源编号；适应度函数是判断哪个细菌位置的加工方案较优的一种标尺，适应度值越小，表明细菌位置越好，对应的加工方案越好。

（4）繁殖操作

细菌在觅食过程中，觅食能力较弱的细菌群体死亡被淘汰，觅食能力较强的细菌群体会被繁殖，从而达到种群规模不变。定义健康度函数 J_{health} 为单个细菌在趋化操作过程中所经历的历代适应度值的代数和，然后对健康度函数 J_{health} 进行从小到大排序，将健康度值较高的一半个体淘汰，繁殖健康度值较低的另一半个体，达到和原来同样的种群规模，繁殖得到的子代细菌和父代细菌具有相同的位置类型参数。

（5）迁徙操作

细菌生活区域的环境突然发生改变，可能会迫使生活在原来区域（起初食物源充足，后期食物缺乏）的细菌迁徙到其他适合生存（食物充足）的区域或者死亡，这种现象称为迁徙。迁徙操作能够使细菌跳出局部最优值，从而达到全局最优。细菌以给定的迁徙概率 P_{ed} 发生迁徙，包含加工方案的细菌个体以概率 P_{ed} 被重新随机分配到解空间，即对满足迁徙概率的细菌个体重新初始化，产生新的个体，再进行寻优。

综上所述，绘制优化算法的总体流程，如图 4-4 所示。

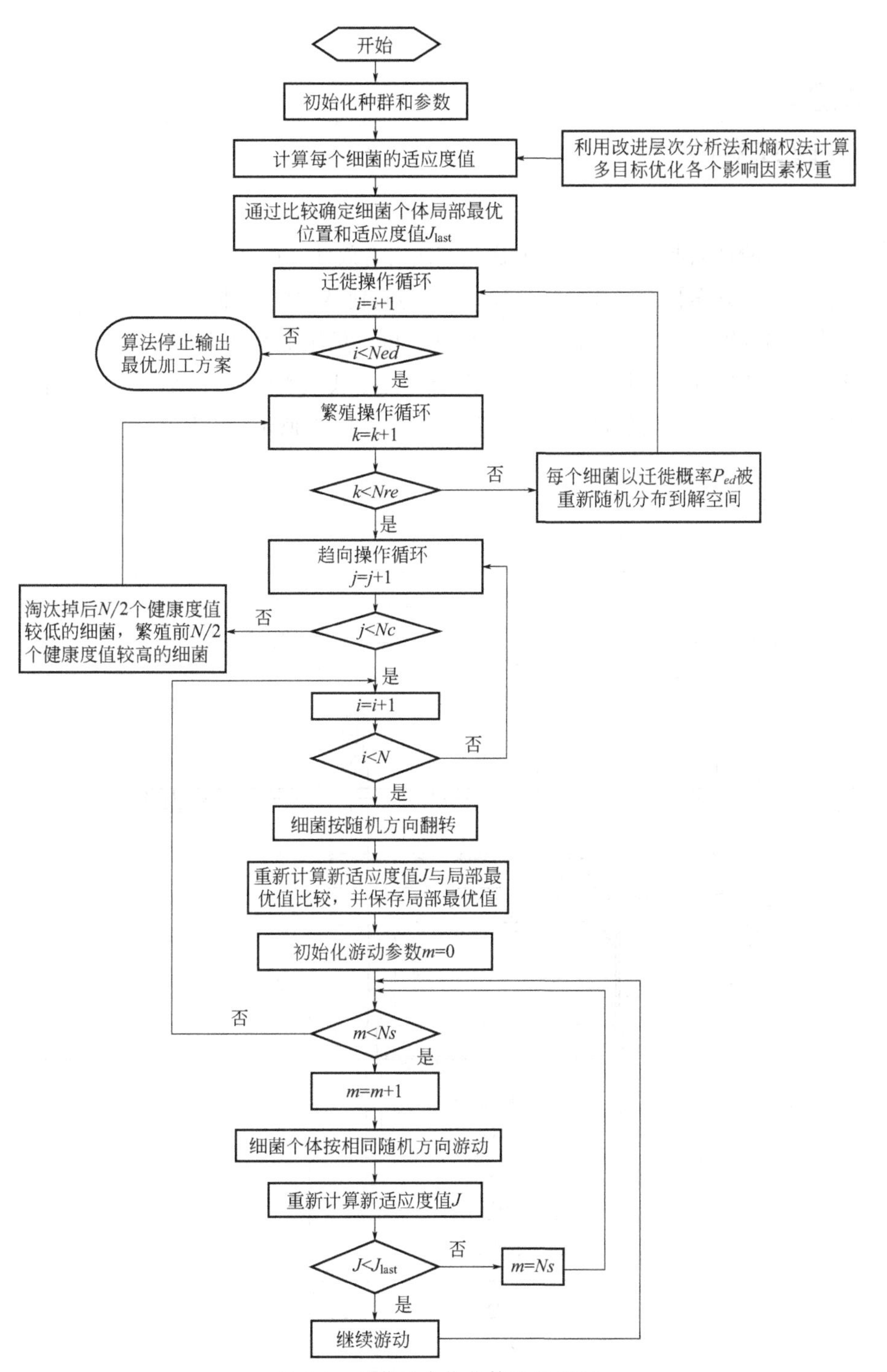

图 4-4　细菌觅食优化算法流程图

4.2.4 仿真实例分析

为了验证云制造环境下智能优化算法的有效性，拟采用 NGW51 型减速器为例进行云方案智能优选验证。NGW51 型减速器主要零部件包括上箱体、下箱体、输入轴、行星轴、花键轴、太阳轮和行星轮七个主要部分，下面将以该类型减速器的上箱体、行星轴和太阳轮三个代表性零件在制造加工过程中的制造资源的选择为例进行描述，如图 4-5～图 4-7 所示。其加工要求为：

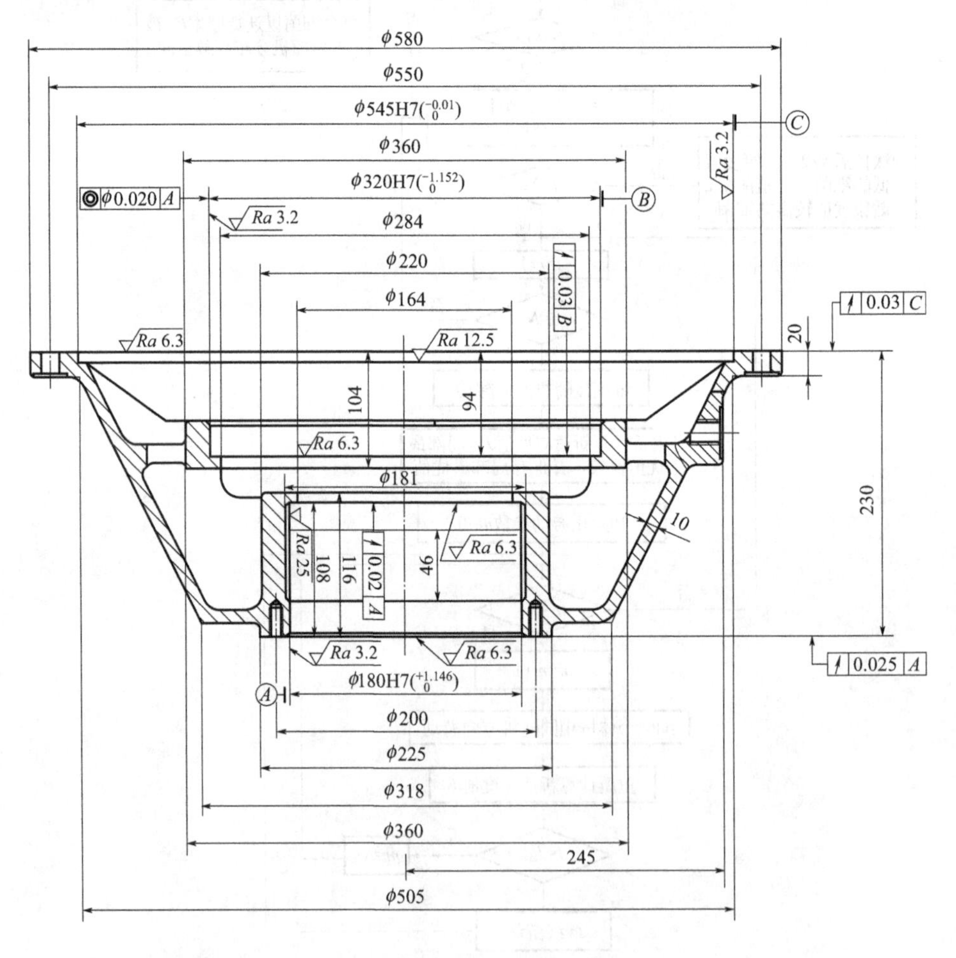

图 4-5　上箱体

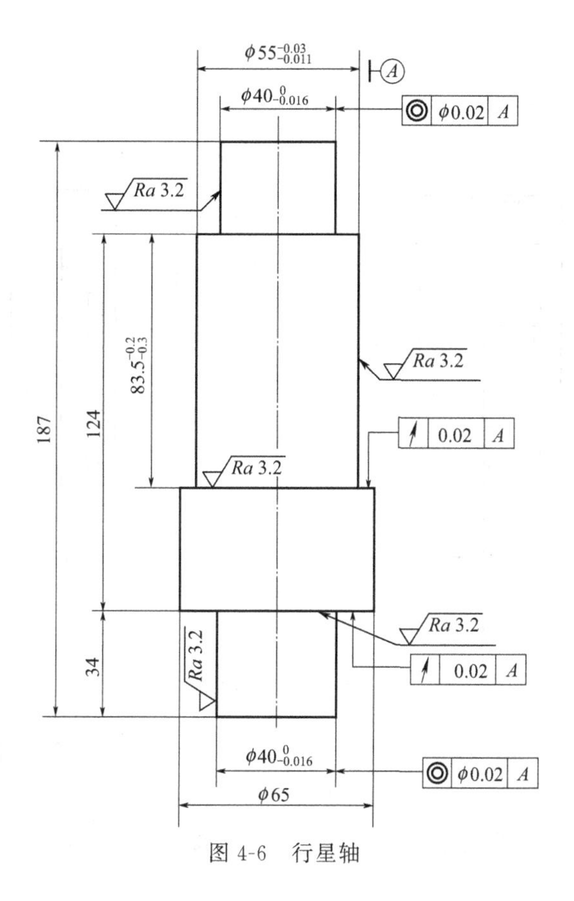

图 4-6 行星轴

上箱体：该零件材料为 HT250。同轴度为 ϕ0.020mm，以 A 为基准面圆跳动 0.025mm，其余基准面圆跳动 0.03mm，表面粗糙度最高为 3.2μm，其余表面粗糙度按照图纸要求即可，钻铰锥销孔，与下箱体连接孔要求反向锪平，孔的精度等级要求 IT7。

行星轴：该零件材料为 45 钢。同轴度为 ϕ0.020mm，圆跳动 0.02mm，表面粗糙度 3.2μm，要求调质处理硬度（HB）≥260，精度等级要求 IT7。

太阳轮：该零件的材料为 20CrMnMo。齿数 16，法向模数 6mm，压力角 20°，分度圆螺旋角 0°，齿距累积公差 0.032mm，齿圈径向跳动公差 0.045mm，公法线长度变动公差 0.020mm，齿形公差 0.010mm，齿向公差 0.012mm，精度等级 IT6。其中鼓形齿参数要求的齿数为 40，法向模数为 3，压力角为 20°，周节累积公差 0.063mm，齿圈径向跳动公差 0.050mm，

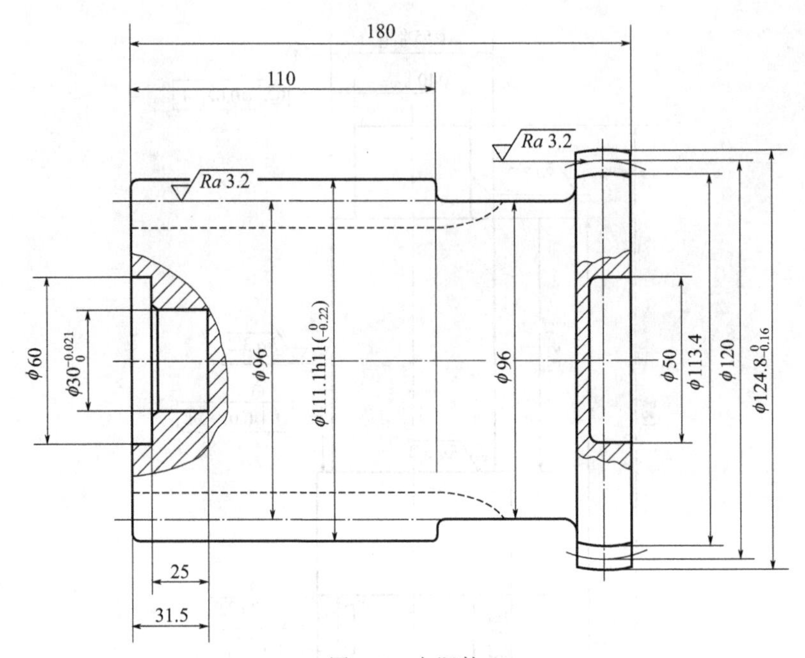

图 4-7　太阳轮

齿形公差 0.011mm，齿向公差 0.011mm，精度等级 IT7。齿面渗碳淬火、渗碳层深 0.8～1.0mm，齿面硬度 58～62HRC，心部硬度要求 32～40HRC，其中鼓形齿要求调质处理，调制硬度同齿轮心部硬度。

首先是建立减速器零件加工方案优选多目标数学模型，得到总的目标函数为：

$$F(x)=W_1 f_1(x)+W_2 f_2(x)-W_3 f_3(x)-W_4 f_4(x) \tag{4-23}$$

约束条件为 $\sum_{i=1}^{4} W_i=1$，其他条件见加工方案评价指标小节。W_i 是生产成本、生产时间、加工质量和其他评价指标等所对应的 24 个评价因素的权重值，由层次分析法和熵权法确定，以求取适应度函数的最小值。

生产成本目标函数：

$$f_1(x)=C_1+C_2+\cdots+C_5=\sum_{i=1}^{m}\sum_{j=1}^{t}\sum_{k=1}^{l_1} C_{ijk}^{\text{she}} x_{ijk}+\sum_{i=1}^{m}\sum_{k=1}^{l_2} C_{ik}^{\text{wu}} x_{ik}+ \sum_{i=1}^{m}\sum_{k=1}^{l_3} C_{ik}^{\text{ren}} x_{ik}+\sum_{i=1}^{m}\sum_{k=1}^{l_4} C_{ik}^{\text{jishu}} x_{ik}+\sum_{i=1}^{m}\sum_{k=1}^{l_5} C_{ik}^{\text{ruan}} x_{ik} \tag{4-24}$$

生产时间目标函数：

$$f_2(x)=T_1+T_2+\cdots+T_6=\sum_{i=1}^{m}\sum_{j=1}^{t}\sum_{k=1}^{l_1}T_{ijk}^{\text{jiben}}x_{ijk}+\sum_{i=1}^{m}\sum_{j=1}^{t}\sum_{k=1}^{l_1}T_{ijk}^{\text{fuzhu}}x_{ijk}+\sum_{i=1}^{m}\sum_{j=1}^{t}\sum_{k=1}^{l_1}T_{ijk}^{\text{fuwu}}x_{ijk}+\sum_{i=1}^{m}\sum_{k=1}^{l_2}T_{ik}^{\text{wu}}x_{ik}+\sum_{i=1}^{m}\sum_{k=1}^{l_3}T_{ik}^{\text{ren}}x_{ik}+\sum_{i=1}^{m}\sum_{k=1}^{l_4}T_{ik}^{\text{jishu}}x_{ik} \tag{4-25}$$

加工质量目标函数：

$$f_3(x)=\sum_{i=1}^{m}\sum_{j=1}^{t}\sum_{k=1}^{l_1}Q_{ijk}x_{ijk} \tag{4-26}$$

其他评价指标目标函数：

$$f_4(x)=M_1+M_2=\sum_{i=1}^{m}\sum_{k=1}^{l_2}\left(\sum_{p=1}^{2}M_{ikp}-C_{ik}^{\text{wu}}\right)x_{ik} \tag{4-27}$$

$$f_5(x)=E_1+E_2+\cdots+E_4=\sum_{i=1}^{m}\sum_{k=1}^{l_3}\left(\sum_{p=1}^{4}E_{ikp}-C_{ik}^{\text{ren}}\right)x_{ik} \tag{4-28}$$

$$f_6(x)=F_1=\sum_{i=1}^{m}\sum_{k=1}^{l_4}(F_{ik}-C_{ik}^{\text{jishu}})x_{ik} \tag{4-29}$$

$$f_7(x)=S_1+S_2=\sum_{i=1}^{m}\sum_{k=1}^{l_5}\left(\sum_{p=1}^{2}S_{ikp}-C_{ik}^{\text{ruan}}\right)x_{ik} \tag{4-30}$$

由于式(4-27)～式(4-30) 均为求最大值问题，为了方便计算，将其他评价指标目标函数统称为式(4-27)～式(4-30) 之和。

$$f_4(x)=M_1+M_2+E_1+E_2+E_3+E_4+F_1+S_1+S_2 \tag{4-31}$$

不同的企业对产品有着不同要求，前面已经采用层次分析法和熵权法结合的方式获取了目标权重值，见表 4-6 和表 4-7。

假定 NGW51 型减速器的加工任务已经确定，上箱体、行星轴和太阳轮的加工任务 PT（加工工序和制造资源选择类别）如表 4-8 所示。

表 4-8　NGW51 减速器加工任务

加工任务	上箱体	行星轴	太阳轮
1	物料选择	物料选择	物料选择
2	人员选择	人员选择	人员选择
3	技术信息选择	技术信息选择	技术信息选择
4	软件选择	软件选择	软件选择

续表

加工任务	上箱体	行星轴	太阳轮
5	铸造设备	锯床	锯床
6	热处理设备	粗车机床	热处理设备(正火)
7	粗铣机床	粗车刀具	钻孔机床
8	粗铣刀具	粗车夹具	钻孔刀具(钻头)
9	粗铣夹具	热处理设备	钻孔夹具
10	精铣机床	精车机床	滚齿机
11	精铣刀具	精车刀具	热处理设备(渗碳淬火)
12	精铣夹具	精车夹具	剃齿机
13	钻孔机床	倒角机	磨齿机
14	钻孔刀具(钻头)	磨外圆机床	精车外圆机床
15	钻孔夹具	磨外圆刀具	精车刀具
16	锪孔机床	磨外圆夹具	精车夹具
17	锪孔刀具	检验量具	倒角机
18	锪孔夹具		检验量具
19	攻螺纹机床		
20	攻螺纹刀具(丝锥)		
21	攻螺纹夹具		
22	镗孔机床		
23	镗孔刀具		
24	镗孔夹具		
25	检验量具		

在现实的车间加工零件的过程中，生产成本、生产时间、加工质量以及其他一些评价指标的计算是一个非常复杂而庞大的工程。它们会受到很多客观和主观因素的影响，在短时间内很难通过处理这些因素得到精确的数值。因此在本书中，参照实际生产过程，根据经验对加工过程中的这些数值进行了估算，并且为了消除各个评价指标之间可能存在单位和数量级上的差别，以便适应度值更加方便计算，对所有的数据都进行了处理，表 4-9～表 4-11 分别给出了减速器各个主要零部件部分制造资源的相关加工数据。

表 4-9　上箱体制造资源相关加工数据

加工任务号	具体制造资源编号	设备加工费 C_1	物料总成本 C_2	人员聘请费 C_3	技术信息费 C_4	软件使用费 C_5	基本时间 T_1	辅助时间 T_2	服务时间 T_3	物料到达时间 T_4	人员休息时间 T_5	技术信息到达时间 T_6	机床精度 Q_1	刀具精度 Q_2	夹具精度 Q_3	量具精度 Q_4	商家信誉度 M_1	物料等级 M_2	人员知名度 E_1	成果著作 E_2	人员级别 E_3	学历 E_4	信息可靠度 F_1	软件稳定性 S_1	软件分析能力 S_2
1	1		33							22							9	14							
	2		16							9							9	13							
	3		17							10							12	15							
	4		35							20							10	12							
	5		39							21							8	11							
2	1			26							6								10	10	12	8			
	2			22							7								9	11	14	7			
	3			25							6								8	9	12	7			
	4			11							7								12	15	14	9			
	5			10							5								11	14	14	8			
3	1				22							19											17		
	2				12							15											17		
	3				24							16											15		
	4				25							18											14		
	5				11							15											14		
4	1					20																		6	8
	2					18																		5	7
	3					10																		8	10
	4					8																		5	8
	5					19																		6	8
5	1	30					23		14				12												
6	1	12					8		4				10												
	2	13					8		4				11												
	3	29					21		16				9												

续表

加工任务号	具体制造资源编号	设备加工费C_1	物料总成本C_2	人员聘请费C_3	技术信息费C_4	软件使用费C_5	基本时间T_1	辅助时间T_2	服务时间T_3	物料到达时间T_4	人员休息时间T_5	技术信息到达时间T_6	机床精度Q_1	刀具精度Q_2	夹具精度Q_3	量具精度Q_4	商家信誉度M_1	物料等级M_2	人员知名度E_1	成果著作E_2	人员级别E_3	学历E_4	信息可靠度F_1	软件稳定性S_1	软件分析能力S_2
7	1	28					18		16				5												
	2	25					19		17				8												
	3	17					11		10				9												
	4	15					10		10				6												
8	1	19						15	16					5											
	2	15						10	6					9											
	3	12						10	7					5											
	4	19						13	13					8											
9	1	10						10	10						8										
10	1	29					21		12				7												
	2	28					18		13				8												
	3	17					11		10				9												
	4	28					19		14				6												
	5	15					10		10				6												
11	1	18						16	15					5											
	2	18						15	14					9											
	3	19						17	15					8											
	4	16						14	15					6											
12	1	10						10	10						7										
13	1	23					18		13				5												
	2	19					19		15				8												
	3	11					17		13				9												
	4	25					19		15				8												
	5	9					17		13				6												

续表

加工任务号	具体制造资源编号	设备加工费C_1	物料总成本C_2	人员聘请费C_3	技术信息费C_4	软件使用费C_5	基本时间T_1	辅助时间T_2	服务时间T_3	物料到达时间T_4	人员休息时间T_5	技术信息到达时间T_6	机床精度Q_1	刀具精度Q_2	夹具精度Q_3	量具精度Q_4	商家信誉度M_1	物料等级M_2	人员知名度E_1	成果著作E_2	人员级别E_3	学历E_4	信息可靠度F_1	软件稳定性S_1	软件分析能力S_2
14	1	17						15	14					6											
	2	18						17	16					7											
	3	18						17	16					5											
	4	19						16	16					8											
15	1	10						15	14						7										
16	1	23					18		15				5												
	2	22					15		13				9												
	3	20					15		15				6												
17	1	17						18	16					6											
	2	17						19	15					7											
	3	19						17	14					8											
	4	16						17	14					6											
18	1	10						10	10						8										
19	1	25					28		18				6												
	2	20					15		14				9												
	3	26					25		17				5												
	4	18					15		16				6												
20	1	19						18	15					5											
	2	15						16	14					6											
	3	17						18	17					7											
	4	17						18	14					8											
21	1	10						16	14						8										
22	1	28					19		15				8												
	2	28					20		15				9												
	3	20					16		15				9												
	4	22					16		13				12												

续表

加工任务号	具体制造资源编号	设备加工费C_1	物料总成本C_2	人员聘请费C_3	技术信息费C_4	软件使用费C_5	基本时间T_1	辅助时间T_2	服务时间T_3	物料到达时间T_4	人员休息时间T_5	技术信息到达时间T_6	机床精度Q_1	刀具精度Q_2	夹具精度Q_3	量具精度Q_4	商家信誉度M_1	物料等级M_2	人员知名度E_1	成果著作E_2	人员级别E_3	学历E_4	信息可靠度F_1	软件稳定性S_1	软件分析能力S_2
23	1	19						18	16					7											
	2	18						18	15					6											
	3	18						16	14					9											
	4	15						16	14					7											
24	1	10						10	10						8										
25	1	10						17	14							9									
	2	10						18	12							10									
	3	8						18	13							8									
	4	9						18	15							8									

表 4-10　行星轴制造资源相关加工数据

加工任务号	具体制造资源编号	设备加工费C_1	物料总成本C_2	人员聘请费C_3	技术信息费C_4	软件使用费C_5	基本时间T_1	辅助时间T_2	服务时间T_3	物料到达时间T_4	人员休息时间T_5	技术信息到达时间T_6	机床精度Q_1	刀具精度Q_2	夹具精度Q_3	量具精度Q_4	商家信誉度M_1	物料等级M_2	人员知名度E_1	成果著作E_2	人员级别E_3	学历E_4	信息可靠度F_1	软件稳定性S_1	软件分析能力S_2
1	1		29							21							13	9							
	2		28							22							10	9							
	3		17							10							13	11							
	4		15							10							10	9							
	5		28							23							9	12							
2	1			21							16								12	11	12	10			
	2			20							15								11	14	10	12			
	3			20							16								13	15	11	12			
	4			21							15								15	15	14	13			
	5			18							15								12	13	12	11			

续表

加工任务号	具体制造资源编号	设备加工费C_1	物料总成本C_2	人员聘请费C_3	技术信息费C_4	软件使用费C_5	基本时间T_1	辅助时间T_2	服务时间T_3	物料到达时间T_4	人员休息时间T_5	技术信息到达时间T_6	机床精度Q_1	刀具精度Q_2	夹具精度Q_3	量具精度Q_4	商家信誉度M_1	物料等级M_2	人员知名度E_1	成果著作E_2	人员级别E_3	学历E_4	信息可靠度F_1	软件稳定性S_1	软件分析能力S_2
3	1				28							14											6		
	2				27							15											10		
	3				29							14											6		
	4				26							16											7		
	5				22							15											6		
4	1					15																		5	8
	2					18																		5	8
	3					18																		6	6
	4					20																		5	5
	5					18																		8	10
5	1	21					19		15				8												
	2	23					19		16				8												
	3	19					19		15				6												
	4	23					19		17				7												
	5	23					21		16				7												
6	1	21					19		16				5												
	2	20					18		16				6												
	3	22					18		12				8												
	4	20					18		13				6												
7	1	19						18	18					6											
	2	25						16	17					7											
	3	25						16	17					7											
	4	21						17	17					8											
	5	21						18	18					9											

续表

加工任务号	具体制造资源编号	设备加工费C_1	物料总成本C_2	人员聘请费C_3	技术信息费C_4	软件使用费C_5	基本时间T_1	辅助时间T_2	服务时间T_3	物料到达时间T_4	人员休息时间T_5	技术信息到达时间T_6	机床精度Q_1	刀具精度Q_2	夹具精度Q_3	量具精度Q_4	商家信誉度M_1	物料等级M_2	人员知名度E_1	成果著作E_2	人员级别E_3	学历E_4	信息可靠度F_1	软件稳定性S_1	软件分析能力S_2
8	1	10						10	10						8										
9	1	26					19		15																
10	1	25					20		16				5												
	2	20					19		16				7												
	3	25					20		16				7												
	4	23					19		16				9												
	5	27					19		18				8												
11	1	22						19	14					8											
	2	22						18	14					5											
	3	18						18	14					5											
	4	21						18	13					6											
	5	20						18	14					9											
12	1	10						12	12						7										
13	1	10					18		8				6												
14	1	25					18		16				7												
	2	23					16		15				8												
	3	25					18		17				8												
	4	23					18		14				6												
	5	21					16		15				7												
15	1	19						18	14					6											
	2	18						16	17					6											
	3	16						15	15					5											
	4	18						15	15					8											
	5	19						17	16					6											

续表

加工任务号	具体制造资源编号	设备加工费C_1	物料总成本C_2	人员聘请费C_3	技术信息费C_4	软件使用费C_5	基本时间T_1	辅助时间T_2	服务时间T_3	物料到达时间T_4	人员休息时间T_5	技术信息到达时间T_6	机床精度Q_1	刀具精度Q_2	夹具精度Q_3	量具精度Q_4	商家信誉度M_1	物料等级M_2	人员知名度E_1	成果著作E_2	人员级别E_3	学历E_4	信息可靠度F_1	软件稳定性S_1	软件分析能力S_2
16	1	10						11	11						7										
17	1	14						12	15							7									
	2	14						10	15							9									
	3	15						14	14							7									
	4	12						10	15							6									
	5	15						14	15							8									

表 4-11 太阳轮制造资源相关加工数据

加工任务号	具体制造资源编号	设备加工费C_1	物料总成本C_2	人员聘请费C_3	技术信息费C_4	软件使用费C_5	基本时间T_1	辅助时间T_2	服务时间T_3	物料到达时间T_4	人员休息时间T_5	技术信息到达时间T_6	机床精度Q_1	刀具精度Q_2	夹具精度Q_3	量具精度Q_4	商家信誉度M_1	物料等级M_2	人员知名度E_1	成果著作E_2	人员级别E_3	学历E_4	信息可靠度F_1	软件稳定性S_1	软件分析能力S_2
1	1		29							22							9	9							
	2		26							22							8	8							
	3		28							23							9	8							
	4		29							22							10	9							
	5		28							22							10	10							
2	1			23							11								19	19	16	18			
	2			22							14								19	17	14	17			
	3			25							12								18	19	12	17			
	4			29							10								18	18	11	16			
	5			20							11								15	16	15	16			

续表

加工任务号	具体制造资源编号	设备加工费 C_1	物料总成本 C_2	人员聘请费 C_3	技术信息费 C_4	软件使用费 C_5	基本时间 T_1	辅助时间 T_2	服务时间 T_3	物料到达时间 T_4	人员休息时间 T_5	技术信息到达时间 T_6	机床精度 Q_1	刀具精度 Q_2	夹具精度 Q_3	量具精度 Q_4	商家信誉度 M_1	物料等级 M_2	人员知名度 E_1	成果著作 E_2	人员级别 E_3	学历 E_4	信息可靠度 F_1	软件稳定性 S_1	软件分析能力 S_2
3	1				28							18											11		
	2				28							14											10		
	3				30							14											13		
	4				29							17											12		
	5				30							15											13		
4	1					16																		14	13
	2					18																		16	18
	3					18																		16	16
	4					20																		15	15
	5					21																		16	18
5	1	22					21		16				8												
	2	20					20		15				6												
	3	22					19		15				6												
	4	23					20		15				8												
	5	22					19		16				6												
6	1	26					19		7																
7	1	23					19		18				7												
	2	22					20		16				7												
	3	19					19		16				6												
	4	25					19		18				6												
	5	21					18		16				9												
8	1	27						18	16					7											
	2	25						14	16					5											
	3	29						17	18					6											
	4	27						14	16					8											
	5	28						17	18					5											

续表

加工任务号	具体制造资源编号	设备加工费C_1	物料总成本C_2	人员聘请费C_3	技术信息费C_4	软件使用费C_5	基本时间T_1	辅助时间T_2	服务时间T_3	物料到达时间T_4	人员休息时间T_5	技术信息到达时间T_6	机床精度Q_1	刀具精度Q_2	夹具精度Q_3	量具精度Q_4	商家信誉度M_1	物料等级M_2	人员知名度E_1	成果著作E_2	人员级别E_3	学历E_4	信息可靠度F_1	软件稳定性S_1	软件分析能力S_2
9	1	10						13	13						8										
10	1	22					18		16				7												
	2	22					18		15				6												
	3	22					17		15				9												
	4	20					17		15				8												
	5	24					18		18				6												
11	1	26					19		7																
12	1	19					19		15				5												
	2	21					19		17				7												
	3	21					19		14				8												
	4	23					20		14				6												
	5	22					18		17				5												
13	1	20					23		16				6												
	2	22					21		16				9												
	3	25					22		16				6												
	4	26					23		17				6												
	5	20					21		15				5												
14	1	25					20		16				5												
	2	26					19		16				8												
	3	27					19		18				5												
	4	22					20		16				6												
	5	25					20		16				5												

续表

加工任务号	具体制造资源编号	设备加工费C_1	物料总成本C_2	人员聘请费C_3	技术信息费C_4	软件使用费C_5	基本时间T_1	辅助时间T_2	服务时间T_3	物料到达时间T_4	人员休息时间T_5	技术信息到达时间T_6	机床精度Q_1	刀具精度Q_2	夹具精度Q_3	量具精度Q_4	商家信誉度M_1	物料等级M_2	人员知名度E_1	成果著作E_2	人员级别E_3	学历E_4	信息可靠度F_1	软件稳定性S_1	软件分析能力S_2
15	1	21						16	14					8											
	2	22						18	17					6											
	3	19						16	14					5											
	4	21						16	16					6											
	5	21						19	15					5											
16	1	10						12	12						8										
17	1	10					18		8				8												
18	1	14						8	15							6									
	2	14						8	15							6									
	3	15						8	15							6									
	4	12						8	13							7									
	5	14						8	13							9									

采用 Matlab 对改进细菌觅食算法编程，在 Matlab 环境下进行仿真计算，对两组不同权重值下加工方案进行了筛选。

具体实施流程如下：

① 生成初始种群。

初始化种群参数：种群规模 $N=50$，趋化行为次数 $Nc=50$，最大游动次数 $Ns=5$，繁殖行为次数 $Nre=4$，迁徙行为次数 $Ned=2$，迁徙概率 $P_{ed}=0.25$，步长 $step=0.05$。种群初始化细菌个体：根据表 4-9～表 4-11 对每个细菌个体进行随机初始化，例如，以上箱体为例对初始化资源数量设置可以表示为 $procedure=[5,5,5,5,1,3,4,4,1,5,4,1,5,4,1,3,4,1,4,4,1,4,4,1,4]$，然后随机初始化每个细菌的位置 $x(i,j)=1+fix(procedure(j)\times \mathrm{rand})$，$i$ 表示第 i 个细菌，j 表示第 j 个加工任务。

② 对初始化的细菌个体先进行寻优，找到一个局部最优细菌个体，保存为当前最优个体。

③ 令 $l=0$ 进行迭代次数为 Ned 的迁徙循环；令 $k=0$ 进行迭代次数为 Nre 的繁殖循环；令 $t=0$ 进行迭代次数为 Nc 的趋化循环，趋化循环中包括翻转和游动两步，根据细菌适应度值来寻优。

④ 根据健康度函数 J_{health} 从小到大排序，淘汰掉 $N/2$ 个健康度值较大的细菌群体，保留并复制健康度值较小的 $N/2$ 个细菌群体，使其达到原来的种群规模。

⑤ 对于每一个细菌，若迁徙概率 P_{ed} 大于一个（0，1）之间的一个随机数，则该细菌个体死亡，重新随机初始化生成新的细菌个体。

⑥ 根据以上步骤流程，寻找到适应度值最小的细菌个体，输出该细菌的最优位置，即为最优加工方案。

最终在迭代 400 次后得到的两组不同权重值下的程序运行收敛图，分别如图 4-8 和图 4-9 所示，对应两组权重下的最优加工方案结果如表 4-12 所示。从最终得到的最优加工方案可以看出，当企业对云制造资源评价指标的注重程度不同时，即企业用户的决策条件不同时，会得到不同的加工方案，第一组为企业注重生产成本最低时的最优加工方案，第二组为企业注重加工质量最高时的加工方案，通过比较得到的最优加工方案，可以看出本书提出的云环境下基于细菌觅食优化混合算法的加工方案选择方法是有效可行的，能够为中小型企业在共享云端制造资源和选择对自身企业有利的最优加工方案时提供指导性建议。

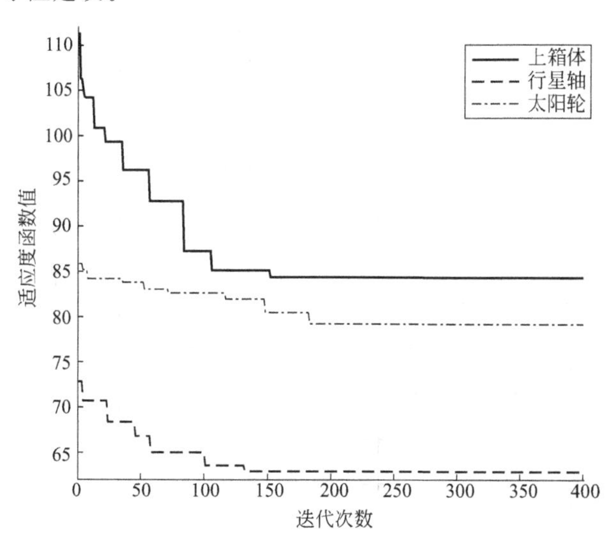

图 4-8　权重为生产成本低时的适应度函数值收敛图

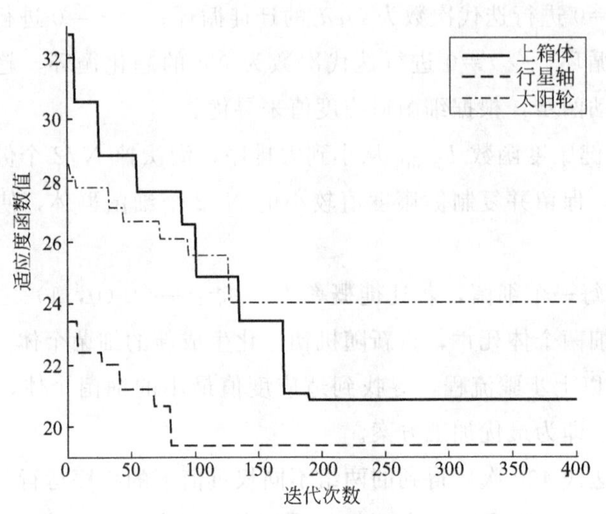

图 4-9 权重为加工质量高时的适应度函数值收敛图

表 4-12 加工方案选择结果

零件	上箱体		行星轴		太阳轮	
适应度值	84.3632	20.8641	62.9160	19.3798	79.2446	24.0284
加工任务	生产成本低	加工质量高	生产成本低	加工质量高	生产成本低	加工质量高
1	2	3	4	3	2	5
2	5	4	5	4	5	1
3	5	2	5	2	2	3
4	4	3	1	5	1	2
5	1	1	3	1	2	4
6	1	2	4	3	1	1
7	4	3	1	5	3	5
8	3	2	1	1	2	4
9	1	1	1	1	1	1
10	5	3	2	4	4	3
11	4	2	3	5	1	1
12	1	1	1	1	1	3
13	5	3	1	1	5	2
14	1	4	5	2	4	2
15	1	1	3	4	3	1

续表

零件	上箱体		行星轴		太阳轮	
适应度值	84.3632	20.8641	62.9160	19.3798	79.2446	24.0284
加工任务	生产成本低	加工质量高	生产成本低	加工质量高	生产成本低	加工质量高
16	3	2	1	1	1	1
17	4	3	4	2	1	1
18	1	1			4	5
19	4	2				
20	2	4				
21	1	1				
22	3	4				
23	4	3				
24	1	1				
25	3	2				

4.3 本章小结

本章首先是对云方案智能优选进行描述，然后搭建云方案优选评价指标体系，再采用多目标优化方法，分别建立了生产成本、生产时间、加工质量和其他评价指标的目标函数，实现了云方案优选的建模。为求解问题，提出了一种基于细菌觅食理论、层次分析方法和熵权法的云方案优选方法，即：首先利用层次分析法和熵权法相结合的方式获得各个评价指标的权重，然后利用细菌觅食理论进行云方案的优选。最后以 NGW51 型减速器为例，说明该方法能根据企业的需求，简单、有效地为企业寻找到最优的加工方案。

第5章 基于模糊理论的云制造服务综合评价建模与仿真

云制造模式的研究和应用加快了中国制造业的生产制造模式由传统“产品”型向“产品+服务”型转变的步伐，加快了中国制造业实现“智慧化制造”，提高了制造企业的自主创新能力和对市场的综合竞争能力，从而使中国跻身世界制造业强国之列。然而，云服务质量的优劣直接影响云需求方制造生产的效率与收益，因此云需求方从海量的云资源中选择所需的云服务十分重要。云制造服务评价是云制造活动中选择合适云服务的关键环节，是制造企业在云制造环境下高效利用海量云制造资源的重要一环。所以选择合适的方法对云制造服务进行综合评价尤为重要。本章将基于模糊理论对云制造服务进行综合评价。

5.1 基于模糊理论的云制造服务综合评价建模

美国加州大学伯克利分校的自动控制专家 L. A. Zadeh 于 1965 年发表了一篇关于模糊理论的论文，象征着模糊数学的诞生。日常生活中，经常会面临许多模糊现象，比如人个子的高矮、雨量的大小等。模糊理论就是把这些模糊的概念用精确的数学方法描述出来，并将其量化分析。如今，模糊理论发展迅速，已广泛应用在管理决策、自动控制、多目标优化等领域。

模糊综合评价算法基于模糊数学，是一种受多种因素影响的多因素决策方法，可以广泛考虑和吸纳评价对象的建议，归纳出待评价对象之间的好坏。同时能全面考虑多种复杂情况，对模糊的对象进行定量化分析。具有对定性与定量、精确与不精确、多层次的复杂因素做出综合评价的优势。另外，模型构造简单、计算方便，在科研和生产中应用甚广。

目前的云制造服务综合评价指标体系中，每种评价类别下的云制造服务评价指标各不相同，种类繁多，具有层次化的特征。综合考虑分析并结合云制造服务的特点，本书基于模糊数学理论建立了模糊综合评价等级模型。

5.1.1 多级模糊综合评价模型建立

在模糊综合评价算法中，对一个复杂的、多因素的评价对象，可以分为单级评价和多级评价。若只用一级模糊综合评价模型，则体现不出来模糊综合评价多层次评价的优势。因为评价指标的权重要满足归一性，使每个指标分得的权重很小，造成评价指标的权重很难分配，得出的结果也存在不准确的风险。所以先分别对低级评价指标进行模糊综合评价，得出的结果作为更高一级评价指标的已知值，这样逐层评价才能得出最终的模糊综合评价结果。结合云制造服务，建立云制造服务多级模糊综合评价模型的流程如图 5-1 所示。

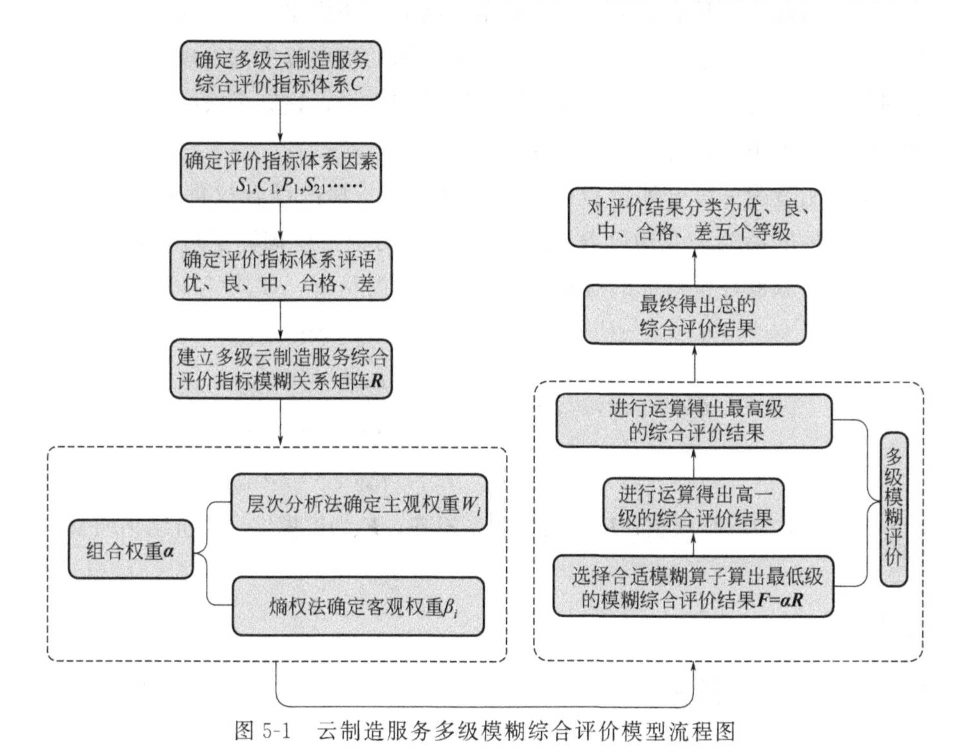

图 5-1　云制造服务多级模糊综合评价模型流程图

应根据研究对象和内容，选择合适的模糊算子。常用的模糊算子如表 5-1 所示。

表 5-1　不同类型的模糊算子

模糊算子类型	公式	体现权重的作用	模糊关系矩阵利用程度	综合程度	类型
$M(\cdot,\vee)$	$c_j=\bigvee_{i=1}^{n}(\alpha_i r_{ij})$	明显	不充分	弱	主因素突出
$M(\wedge,\vee)$	$c_j=\bigvee_{i=1}^{n}(\alpha_i \wedge r_{ij})$	不明显	不充分	弱	主因素突出
$M(\wedge,\oplus)$	$c_j=\sum_{i=1}^{n}(\alpha_i \wedge r_{ij})$	不明显	比较充分	强	不均衡平均

续表

模糊算子类型	公式	体现权重的作用	模糊关系矩阵利用程度	综合程度	类型
$M(\cdot,\oplus)$	$c_j=\sum_{i=1}^{n}(\alpha_i r_{ij})$	明显	充分	强	加权平均

由表 5-1 可知，每种模糊算子都有各自的特点和适用对象，云制造服务综合评价指标体系种类繁多，结构复杂。因此算法应尽可能全面地表达云制造服务评价指标体系的特征，使每个评价指标的重要程度都表现出来，都能达到最优。综合考虑采用“加权平均型”模糊算子，该算子兼顾了各个评价指标权重的大小，适合云制造服务综合评价。

将云制造服务综合评价指标体系中每一个指标的综合权重 $\boldsymbol{\alpha}$ 与每一级被评价指标的模糊关系矩阵 $\boldsymbol{R}$ 按照“加权平均型”模糊算子进行运算，就能得到每一级被评价指标的模糊综合评价结果向量 $\boldsymbol{F}$，如式(5-1)。即：

$$\boldsymbol{F}=\boldsymbol{\alpha R}=[\alpha_1,\alpha_2,\cdots,\alpha_n]\begin{bmatrix} r_{11} & r_{12} & \cdots & r_{1m} \\ r_{21} & r_{22} & \cdots & r_{2m} \\ \cdots & \cdots & \cdots & \cdots \\ r_{n1} & r_{n2} & \cdots & r_{nm} \end{bmatrix} \tag{5-1}$$

式中，$\boldsymbol{\alpha}$ 为综合权重；$\boldsymbol{R}$ 为模糊关系矩阵；$\boldsymbol{F}$ 为模糊综合评价结果向量。

5.1.2 层次分析法建模

层次分析法的建模步骤主要包括：明确评价对象，建立各层次评价结构模型；构造两两比较判断矩阵；每个层次进行单次排序；对所有的层次进行总的排序。层次分析法确定权重流程图如图 5-2 所示。

具体详细步骤如下：

① 建立多层次评价结构。经过对评价对象进行深入分析和研究之后，要对评价对象建立合适的层次结构。通过层次化的模型把复杂问题分解为若干层次因素的组成部分。一般分为三个层次，即最高层、中间层和最底层。上一层次因素对下一层次相关的因素具有支配作用，每一层次所支配的元素一般不超过 9 个。层次分析法的层次结构如图 5-3 所示。

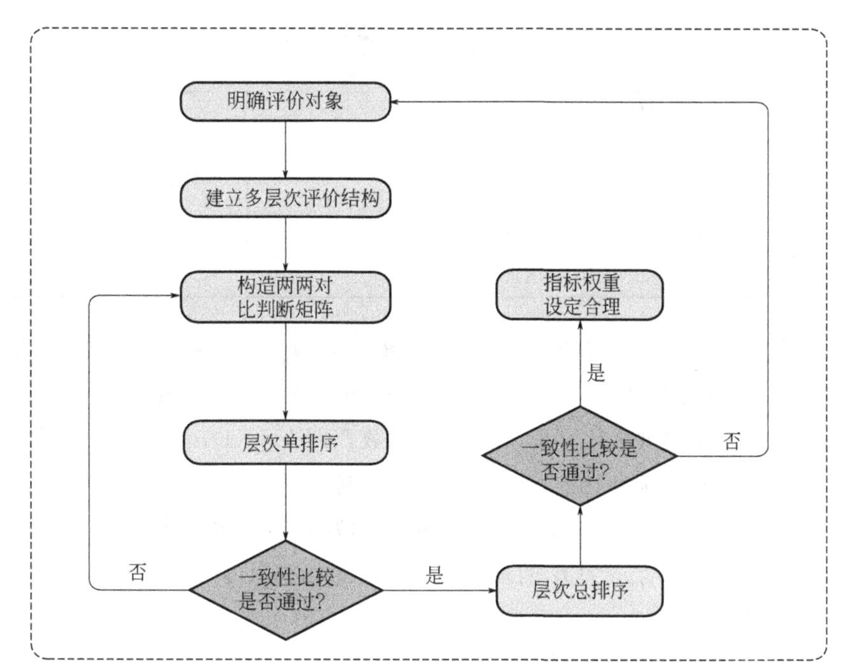

图 5-2　层次分析法确定权重流程图

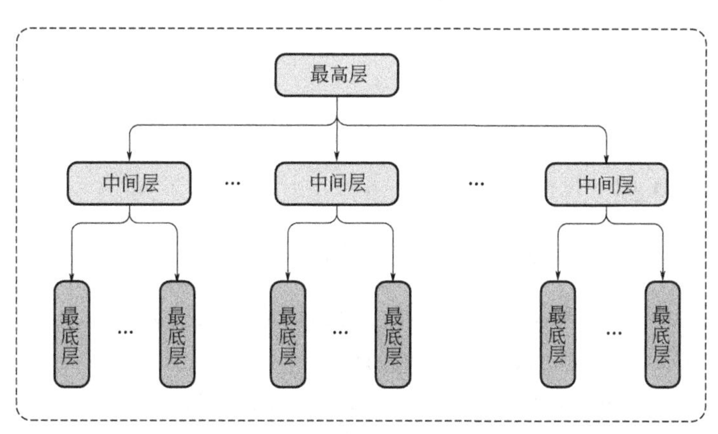

图 5-3　层次分析法的层次结构

② 构造两两比较判断矩阵。建立清晰的逻辑化层次结构图之后，不同层次之间的逻辑关系就确定了，但同一层次不同因素之间的重要程度还没有确定。不同因素在决策者的心目中所占的比重不一定一样，同时也不可能把所有的因素集合在一起比较。因此为了把决策因素之间量化，引入了两两比较判断矩阵，即 1～9 标度成对比较矩阵，如表 5-2 所示。

表 5-2　判断矩阵元素标度表

标度	重要程度	标度	重要程度
1	B_i 和 B_j 同等重要	2	介于 1～3 之间
3	B_i 比 B_j 略微重要	4	介于 3～5 之间
5	B_i 比 B_j 明显重要	6	介于 5～7 之间
7	B_i 比 B_j 强重要	8	介于 7～9 之间
9	B_i 比 B_j 极端重要	—	—

首先构造 m 阶两两判断矩阵。其中 $\boldsymbol{B}=(b_{ij})_{m\times m}$ 表示同一层次所有两两比较因素组成的矩阵，m 是因素的个数，b_{ij} 是 x_i 和 x_j 相对于上一层次某一元素的重要程度之比，b_{ji} 是 b_{ij} 的倒数，即 $b_{ji}=1/b_{ij}$。构造判断矩阵的目的是尽可能地减少其他不相关因素的影响。

③ 层次单次排序。可以根据解构造好的判断矩阵 $\boldsymbol{B}$ 的特征根即 $BW=\lambda_{\max}W$ 进行排序，$\lambda_{\max}$ 为 $\boldsymbol{B}$ 的最大特征根。最大特征根 $\lambda_{\max}$ 采用求和法来计算。步骤如下：

a. 对 $\boldsymbol{B}$ 的元素先按列归一化，得

$$\bar{b}_{ij}=b_{ij}/\sum_{i=1}^{m}b_{ij},\overline{\boldsymbol{B}}=(\bar{b}_{ij})_{m\times m}(i,j=1,2,\cdots,m) \tag{5-2}$$

b. 对 $\overline{\boldsymbol{B}}$ 的元素按行相加，得

$$\overline{\boldsymbol{W}}=(\overline{w}_1,\overline{w}_2,\cdots,\overline{w}_n)^{\mathrm{T}},\overline{w}_i=\sum_{j=1}^{m}\bar{c}_{ij} \tag{5-3}$$

c. 再对 $\overline{\boldsymbol{W}}$ 归一化得到

$$\boldsymbol{W}=(w_1,w_2,\cdots,w_n)^{\mathrm{T}},w_i=\overline{w}_i/\sum_{i=1}^{m}\overline{w}_i \tag{5-4}$$

通过式(5-2)～式(5-4) 三步即可得出因素权重的大小。但是权重大小是否合理还需要经过一致性检验来验证。

由表 5-2 构造的判断矩阵 $\boldsymbol{B}=(b_{ij})_{m\times m}$ 和计算得出的 w_i，根据式(5-5)得出判断矩阵的最大特征值 $\lambda_{\max}$。

$$\lambda_{\max}=\frac{1}{m}\sum_{i=1}^{m}\left[\frac{\sum_{j=1}^{m}b_{ij}w_j}{w_j}\right] \tag{5-5}$$

④ 一致性检验。

a. 计算一致性指标 CI。将③得出的最大特征值 $\lambda_{\max}$ 代入式(5-6) 就能得到一致性指标的 CI 值。即：

$$CI=\frac{\lambda_{max}-m}{m-1} \tag{5-6}$$

b. 查找对应的平均随机一致性指标 RI。如表 5-3 所示。

表 5-3　平均随机一致性指标 *RI*

m	1	2	3	4	5	6	7	8	9
RI	0.00	0.00	0.58	0.90	1.12	1.24	1.32	1.41	0.45

c. 计算一致性比例 CR。将步骤 a 和 b 得出的 CI 和 RI 代入式(5-7) 得到一致性比例 CR 值。

$$CR=CI/RI \tag{5-7}$$

当 $CR<0.1$ 时，就可以判定构造的两两比较矩阵是合理的，否则需要对判断矩阵进行进一步的修改。

⑤ 层次总排序和一致性检验。通过以上步骤得到的是一组元素与其对应的上一层次某一个元素的权重，这样从下至上逐层计算，最终得到的是同一层次所有元素相对于最高层次元素权重的总排序。表 5-4 为得出的总排序权重计算表。

表 5-4　得出的总排序权重计算表

层次	E_1	E_2	…	E_m	F 层次总的排序
	e_1	e_2	…	e_m	$\sum_{j=1}^{m} f_{1j}e_j$
F_1	f_{11}	f_{12}	…	f_{1m}	$\sum_{j=1}^{m} f_{2j}e_j$
F_2	f_{21}	f_{22}	…	f_{2m}	$\sum_{j=1}^{m} f_{3j}e_j$
…	…	…	…	…	…
F_m	f_{m1}	f_{m2}	…	f_{mm}	$\sum_{j=1}^{m} f_{mj}e_j$

当知道 E 层次的单排序一致性指标 $CI(j)$ 和随机平均一致性指标 $RI(j)$，则 F 层次总排序一致性检验为

$$CR=\frac{\sum_{j=1}^{m} CI(j)a_j}{\sum_{j=1}^{m} RI(j)a_j} \tag{5-8}$$

当 $CR<0.1$ 时，则说明层次总排序的各个因素的权重大小相对于最高

层次来说是合理的，可以采用此权重值。至此层次分析法求权重结束。

5.1.3 熵权法建模

熵权法是一种客观确定评价指标权重的方法，能够对原始数据进行非常客观的评价，客观性较强。

在云制造服务综合评价指标体系中，假设有 m 个云制造服务样本，每个样本包含 n 个评价指标，相应的各指标值为 $b_{ij}(i=1, 2, \cdots, m; j=1, 2, \cdots, n)$，其指标矩阵 $\boldsymbol{B}=(b_{ij})_{m\times n}$。

$$B=\begin{bmatrix} b_{11} & b_{12} & \cdots & b_{1n} \\ b_{21} & b_{22} & \cdots & b_{2n} \\ \cdots & \cdots & \ddots & \cdots \\ b_{m1} & b_{m2} & \cdots & b_{mn} \end{bmatrix} \tag{5-9}$$

熵权法具体建模步骤如下。

① 样本指标矩阵标准化处理。越大越优型指标标准化处理为

$$b'_{ij}=\frac{b_{ij}-\min\limits_{1\leqslant i\leqslant m} b_{ij}}{\max\limits_{1\leqslant i\leqslant m} b_{ij}-\min\limits_{1\leqslant i\leqslant m} b_{ij}} \tag{5-10}$$

越小越优型指标标准化处理为

$$b'_{ij}=\frac{\max\limits_{1\leqslant i\leqslant m} b_{ij}-b_{ij}}{\max\limits_{1\leqslant i\leqslant m} b_{ij}-\min\limits_{1\leqslant i\leqslant m} b_{ij}} \tag{5-11}$$

式中，$\max\limits_{1\leqslant i\leqslant m} b_{ij}$ 和 $\min\limits_{1\leqslant i\leqslant m} b_{ij}$ 分别为指标的最大值和最小值；b'_{ij} 为归一化之后的标准值。

② 计算各个指标的熵值。得到标准化矩阵之后，那么第 i 个指标的熵值 e_i 为

$$e_i=-k\sum_{j=1}^{n} f_{ij}\ln f_{ij} \tag{5-12}$$

式中，$k>0$ 时，取 $k=1/\ln n$，且当 $f_{ij}=0$ 时，$f_{ij}\ln f_{ij}=0$，$f_{ij}=\dfrac{b'_{ij}}{\sum\limits_{j=1}^{n} b'_{ij}}$。

③ 计算各个指标的熵权。得到第 m 个指标的熵值 e_i 后，那么第 i 个熵权为

$$w_i = \frac{1 - e_i}{m - \sum_{i=1}^{m} e_i} \tag{5-13}$$

因此，即可得出评价指标的熵权值 w_i。

5.1.4 层次分析法和熵权法组合权重模型

层次分析法是一种主观确定评价指标权重的方法，受决策者影响较大。熵权法是一种客观确定评价指标权重的方法，客观性较强。如果对层次分析法和熵权法进行综合，可以更加真实、科学地计算出评价指标的权重值。

由于第一级、第二级的评价指标没有对应的实际值，所以其权重值用层次分析法来确定。而对于第三级评价指标，指标的客观权重用熵权法得出，再用层次分析法得出其主观权重。将第三级评价指标的主观权重与客观权重进行结合，即可得到第三级评价指标的综合权重，如式(5-14) 所示。

$$\alpha_i = \frac{w_i \beta_i}{\sum_{i=1}^{m} w_i \beta_i} \tag{5-14}$$

式中，w_i 为层次分析法得出的权重；β_i 为熵权法得出的权重；α_i 为综合权重。

5.2 基于模糊理论的云制造服务综合评价仿真

5.2.1 建立多级云制造服务综合评价指标体系

云制造服务是一个复杂的服务组合系统，对其建立一套科学的、合理的、可靠的云制造服务评价指标体系十分重要。由于包含的因素较多，本书内容在注重综合性、代表性基础之上选取了有效的评价指标。同时针对不同的实际情况，该评价指标体系可以增加和减少。根据以上原则，结合云制造服务的特点，建立如图 5-4 所示的云制造服务综合评价多级指标体系结构图，包括 3 个一级评价指标、10 个二级评价指标、47 个三级评价指标，具体每个等级的云制造服务评价指标如表 5-5 所示。

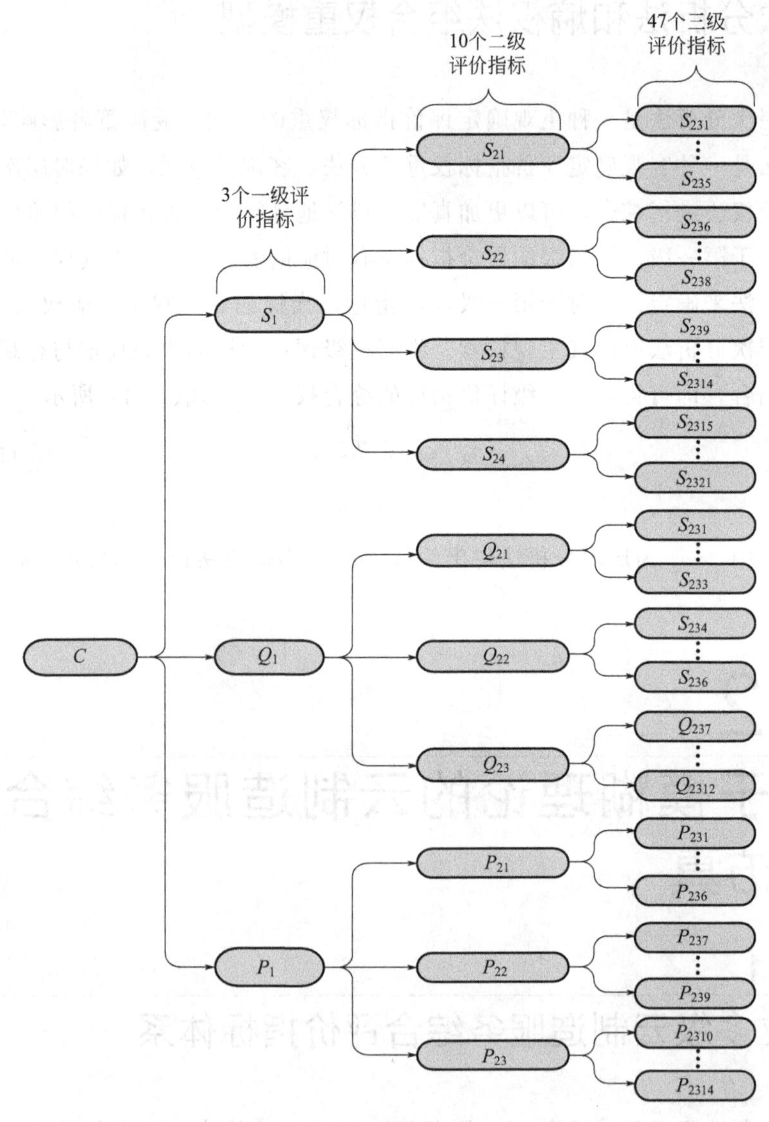

图 5-4　云制造服务综合评价多级评价指标体系结构图

表 5-5 云制造服务综合评价指标

一级评价指标		二级评价指标	三级评价指标
云制造综合服务评价指标 C	制造服务能力评价指标 S	制造资源优化配置能力 S_{21}	资源分解能力 S_{231}
			资源组合能力 S_{232}
			资源协调能力 S_{233}
			设计方案优选能力 S_{234}
			制造工艺管理能力 S_{235}
		人员素质能力 S_{22}	科技人员数量 S_{236}
			高级技工数量 S_{237}
			员工文化水平 S_{238}
		柔性制造能力 S_{23}	机器柔性 S_{239}
			工艺柔性 S_{2310}
			产品柔性 S_{2311}
			生产能力柔性 S_{2312}
			维护柔性 S_{2313}
			扩展柔性 S_{2314}
		绿色制造能力 S_{24}	绿色设计能力 S_{2315}
			绿色材料选购与选择能力 S_{2316}
			绿色生产工艺规划能力 S_{2317}
			绿色消费使用包装和运输能力 S_{2318}
			绿色回收与拆卸能力 S_{2319}
			绿色再制造和零件重复使用能力 S_{2320}
			废物排放的绿色处理能力 S_{2321}
	服务质量评价指标 Q	服务时间 Q_{21}	产品制造时间 Q_{231}
			物流服务时间 Q_{232}
			服务响应时间 Q_{233}
		服务成本 Q_{22}	产品制造成本 Q_{234}
			物流服务成本 Q_{235}
			成本控制能力 Q_{236}
		服务信誉 Q_{23}	产品使用功能满意程度 Q_{237}
			产品原材料满意度 Q_{238}
			售后服务满意度 Q_{239}
			产品按时交货率 Q_{2310}
			合同履约率 Q_{2311}
			产品合格率 Q_{2312}

续表

一级评价指标		二级评价指标	三级评价指标
云制造综合服务评价指标 C	服务交易保障评价指标 P	服务可靠性 P_{21}	服务态度友好性 P_{231}
			服务订单支付能力 P_{232}
			服务协作性 P_{233}
			服务合规性 P_{234}
			服务稳定性 P_{235}
			服务成功率 P_{236}
		服务响应性 P_{22}	服务准时性 P_{237}
			服务及时性 P_{238}
			服务有效性 P_{239}
		服务安全性 P_{23}	网络通信能力 P_{2310}
			系统故障恢复能力 P_{2311}
			数据信息保护能力 P_{2312}
			信息的完整性 P_{2313}
			信息的可用性 P_{2314}

5.2.2 建立多级云制造服务评价因素集

由表 5-5 可知，云制造服务综合评价体系是一个具有三级指标的评价体系。因此，对每一个一级指标即制造服务能力、服务质量、服务交易保障的评价都构成一个模糊评价过程。也就是说，先对每一个一级指标对应的三级指标进行综合评价，然后再对二级指标进行评价，最后再对一级评价指标进行评价，这样逐层评价便可得出最终的评价结果。由此得到的多级评价因素集如下。

（1）一级评价因素集

$$C=\{S_1, Q_1, P_1\}$$

式中，C 为云制造综合评价指标；S_1 为服务能力评价指标；Q_1 为服务质量评价指标；P_1 为服务交易保障评价指标。

（2）二级评价因素集

$$S_1=\{S_{21},S_{22},S_{23},S_{24}\}$$

$$Q_1=\{Q_{21},Q_{22},Q_{23}\}$$

$$P_1=\{P_{21},P_{22},P_{23}\}$$

式中，S_{21} 为制造资源优化配置能力；S_{22} 为人员素质能力；S_{23} 为柔性制造能力；S_{24} 为绿色制造能力；Q_{21} 为服务时间；Q_{22} 为服务成本；Q_{23} 为服务信誉；P_{21} 为服务可靠性；P_{22} 为服务响应性；P_{23} 为服务安全性。

（3）三级评价因素集

$$S_{21}=\{S_{231},S_{232},S_{233},S_{234},S_{235}\}$$

$$S_{22}=\{S_{236},S_{237},S_{238}\}$$

$$S_{23}=\{S_{239},S_{2310},S_{2311},S_{2312},S_{2313},S_{2314}\}$$

$$S_{24}=\{S_{2315},S_{2316},S_{2317},S_{2318},S_{2319},S_{2320},S_{2321}\}$$

式中，S_{231} 为资源分解能力；S_{232} 为资源组合能力；S_{233} 为资源协调能力；S_{234} 为设计方案优选能力；S_{235} 为制造工艺管理能力；S_{236} 为科技人员数量；S_{237} 为高级技工数量；S_{238} 为员工文化水平；S_{239} 为机器柔性；S_{2310} 为工艺柔性；S_{2311} 为产品柔性；S_{2312} 为生产能力柔性；S_{2313} 为维护柔性；S_{2314} 为扩展柔性；S_{2315} 为绿色设计能力；S_{2316} 为绿色材料选购与选择能力；S_{2317} 为绿色生产工艺规划能力；S_{2318} 为绿色消费使用包装和运输能力；S_{2319} 为绿色回收与拆卸能力；S_{2320} 为绿色再制造和零件重复使用能；S_{2321} 为废物排放的绿色处理能力。

$$Q_{21}=\{Q_{231},Q_{232},Q_{233}\}$$

$$Q_{22}=\{Q_{234},Q_{235},Q_{236}\}$$

$$Q_{23}=\{Q_{237},Q_{238},Q_{239},Q_{2310},Q_{2311},Q_{2312}\}$$

式中，Q_{231} 为产品制造时间；Q_{232} 为物流服务时间；Q_{233} 为服务响应时间；Q_{234} 为产品制造成本；Q_{235} 为物流服务成本；Q_{236} 为成本控制能力；Q_{237} 为产品使用功能满意程度；Q_{238} 为产品原材料满意度；Q_{239} 为售后服务满意度；Q_{2310} 为产品按时交货率；Q_{2311} 为合同履约率；Q_{2312} 为产品合格率。

$$P_{21}=\{P_{231},P_{232},P_{233},P_{234},P_{235},P_{236}\}$$

$$P_{22}=\{P_{237},P_{238}\}$$

$$P_{23}=\{P_{239},P_{2310},P_{2311},P_{2312},P_{2313},P_{2314}\}$$

式中，P_{231} 为服务态度友好性；P_{232} 为服务订单支付能力；P_{233} 为服务协作性；P_{234} 为服务合规性；P_{235} 为服务稳定性；P_{236} 为服务成功率；P_{237} 为服务准时性；P_{238} 为服务及时性；P_{239} 为服务有效性；P_{2310} 为网络通信能力；P_{2311} 为系统故障恢复能力；P_{2312} 为数据信息保护能力；P_{2313} 为信息的完整性；P_{2314} 为信息的可用性。

5.2.3 建立评价对象的评语集

由于第三级评价指标取值范围不同，类型多种多样，具有很大的波动性，所以需要构建适合不同指标的评语集。根据实际情况，考虑数据的时效性并查阅相关文献资料，将评价指标的评语集分为“优”“良”“中”“合格”“差”五个等级。其中云制造服务定性评价指标的评语集有 33 个，值分别为 9.6、8.3、7.2、6.8、5.3。定量的评价指标的评语集有 14 个，如表 5-6 所示。

表 5-6 云制造服务评价指标评语集

指标	评语集				
	优	良	中	合格	差
科技人员数量 S_{236}	12	9	8	7	3
高级技工数量 S_{237}	16	10	7	4	1
产品制造时间 Q_{231}	3.5	4.1	5.2	7	7.6
物流服务时间 Q_{232}	12.1	15.3	16	20	23.3
服务响应时间 Q_{233}	0.5	0.8	1.2	1.6	1.8
产品制造成本 Q_{234}	4.9	5.2	5.4	5.8	6.5
物流服务成本 Q_{235}	5	5.3	5.6	5.8	6.1
产品使用功能满意程度 Q_{237}	91.5	82.1	75.2	71.58	68.3
产品原材料满意度 Q_{238}	89.3	80.46	76.5	65.1	56.3
售后服务满意度 Q_{239}	96	93	82.1	78.2	73.4
产品按时交货率 Q_{2310}	95.2	86.3	79.1	70	64.5
合同履约率 Q_{2311}	86	79	62	50	43
产品合格率 Q_{2312}	93.5	89.2	76.3	70.3	68.1
服务成功率 P_{236}	95	83	76	65	57

5.2.4 建立多级云制造服务综合评价指标模糊关系矩阵

根据表 5-5 和表 5-6，首先对指标进行模糊处理，然后再逐个对被评指标从每个因素上进行量化，即从单因素来看被评价指标与对应等级模糊子集的隶属度。基于这种思想，本书采用模糊梯形分布和三角函数分布来计算每个评价指标的隶属度。因为有的评价指标值是越大越好，有的是越小越好，所以针对这种情况对于越大越优型的指标采用式(5-15)～式(5-19)，对于越小越优型的指标采用式(5-20)～式(5-24)。

(1) 越大越优型

$$r_1=\begin{cases}0 & x_i \leqslant v_2 \\ \dfrac{x_i-v_2}{v_1-v_2} & v_2<x_i<v_1 \\ 1 & x_i \geqslant v_1\end{cases} \tag{5-15}$$

$$r_2=\begin{cases}0 & x_i \geqslant v_1 \text{ 或 } x_i \leqslant v_3 \\ \dfrac{x_i-v_3}{v_2-v_3} & v_3<x_i<v_2 \\ 1-r_i & v_2 \leqslant x_i<v_1\end{cases} \tag{5-16}$$

$$r_3=\begin{cases}0 & x_i \geqslant v_2 \text{ 或 } x_i \leqslant v_4 \\ \dfrac{x_i-v_4}{v_3-v_4} & v_4<x_i<v_3 \\ 1-r_2 & v_3 \leqslant x_i<v_2\end{cases} \tag{5-17}$$

$$r_4=\begin{cases}0 & x_i \geqslant v_3 \text{ 或 } x_i \leqslant v_5 \\ \dfrac{x_i-v_5}{v_4-v_5} & v_5<x_i<v_4 \\ 1-r_3 & v_4 \leqslant x_i<v_3\end{cases} \tag{5-18}$$

$$r_5=\begin{cases}0 & x_i \geqslant v_4 \\ 1-r_4 & v_5<x_i<v_4 \\ 1 & x_i \leqslant v_5\end{cases} \tag{5-19}$$

(2) 越小越优型

$$r_1=\begin{cases}1 & x_i\leqslant v_1\\ \dfrac{v_2-x_i}{v_2-v_1} & v_1<x_i<v_2\\ 0 & x_i\geqslant v_2\end{cases} \tag{5-20}$$

$$r_2=\begin{cases}1-r_1 & v_1<x_i\leqslant v_2\\ \dfrac{v_3-x_i}{v_3-v_2} & v_2<x_i<v_3\\ 0 & x_i\leqslant v_1 \text{ 或 } x_i\geqslant v_3\end{cases} \tag{5-21}$$

$$r_3=\begin{cases}1-r_2 & v_2<x_i\leqslant v_3\\ \dfrac{v_4-x_i}{v_4-v_3} & v_3<x_i<v_4\\ 0 & x_i\leqslant v_2 \text{ 或 } x_i\geqslant v_4\end{cases} \tag{5-22}$$

$$r_4=\begin{cases}1-r_3 & v_3<x_i\leqslant v_4\\ \dfrac{v_5-x_i}{v_5-v_4} & v_4<x_i<v_5\\ 0 & x_i\leqslant v_3 \text{ 或 } x_i\geqslant v_5\end{cases} \tag{5-23}$$

$$r_5=\begin{cases}1 & x_i\geqslant v_5\\ 1-r_4 & v_4<x_i<v_5\\ 0 & x_i\leqslant v_4\end{cases} \tag{5-24}$$

式中，$v_1\sim v_5$ 分别为“优”“良”“中”“合格”“差”对应的评价指标评语集；x_i 为不同评价因素集对应于指标的实际值，$r_1\sim r_5$ 分别为经过模糊运算后的五个等级的隶属度值，其中 $r_i\in[0,1]$。

根据式(5-15)～式(5-24) 得出的每个评价指标的隶属度值，可构造多级模糊隶属度子集 $\boldsymbol{R}_i$，$\boldsymbol{R}_i=(r_{i1}, r_{i2}, \cdots, r_{im})$，从而得到模糊矩阵或评价矩阵 $\boldsymbol{R}$ 如下：

$$\boldsymbol{R}=\begin{bmatrix} r_{11} & r_{12} & \cdots & r_{1n}\\ r_{21} & r_{22} & \cdots & r_{2n}\\ \vdots & \vdots & \vdots & \vdots\\ r_{n1} & r_{n2} & \cdots & r_{nn}\end{bmatrix} \tag{5-25}$$

为了证明基于模糊理论的云制造服务综合评价模型的有效性和可操作性，以第 1 个云制造服务为例列出计算过程，得出评价结果，其余计算过程相同，只给出最后结果。由于云制造服务综合评价指标体系 1 中的制造资源优化配置能力对应的三级指标有 5 个，即资源分解能力、资源组合能力、资源协调能力、设计方案优选能力和制造工艺管理能力，它们都为越大越优型指标。带入式(5-15)～式(5-19) 可得，云制造服务 1 的制造资源优化配置能力的隶属度子集为：

$$\boldsymbol{RS}_{231}=\begin{bmatrix}0.792308 & 0.207692 & 0 & 0 & 0\end{bmatrix}$$

$$\boldsymbol{RS}_{232}=\begin{bmatrix}0 & 0.936364 & 0.063636 & 0 & 0\end{bmatrix}$$

$$\boldsymbol{RS}_{233}=\begin{bmatrix}0.807692 & 0.192308 & 0 & 0 & 0\end{bmatrix}$$

$$\boldsymbol{RS}_{234}=\begin{bmatrix}0.384615 & 0.615385 & 0 & 0 & 0\end{bmatrix}$$

$$\boldsymbol{RS}_{235}=\begin{bmatrix}0.446154 & 0.553846 & 0 & 0 & 0\end{bmatrix}$$

由式(5-25) 可得制造资源优化配置能力的模糊评价矩阵 $\boldsymbol{RS}_{21}$ 为：

$$\boldsymbol{RS}_{21}=\begin{bmatrix}0.792308 & 0.207692 & 0 & 0 & 0\\ 0 & 0.936364 & 0.063636 & 0 & 0\\ 0.807692 & 0.192308 & 0 & 0 & 0\\ 0.384615 & 0.615385 & 0 & 0 & 0\\ 0.446154 & 0.553846 & 0 & 0 & 0\end{bmatrix}$$

同样可得人员素质能力的模糊评价矩阵 $\boldsymbol{RS}_{22}$：

$$\boldsymbol{RS}_{22}=\begin{bmatrix}0.666667 & 0.333333 & 0 & 0 & 0\\ 0.833333 & 0.166667 & 0 & 0 & 0\\ 0 & 0.845455 & 0.154545 & 0 & 0\end{bmatrix}$$

柔性制造能力的模糊评价矩阵 $\boldsymbol{RS}_{23}$：

$$\boldsymbol{RS}_{23}=\begin{bmatrix}0.669231 & 0.330769 & 0 & 0 & 0\\ 0 & 0.518182 & 0.481818 & 0 & 0\\ 0 & 0 & 0 & 0.646667 & 0.353333\\ 0.715385 & 0.284615 & 0 & 0 & 0\\ 0 & 0.890909 & 0.109091 & 0 & 0\\ 0.738462 & 0.261538 & 0 & 0 & 0\end{bmatrix}$$

绿色制造能力的模糊评价矩阵 $\boldsymbol{RS}_{24}$：

$$RS_{24}=\begin{bmatrix}0 & 0.409091 & 0.590909 & 0 & 0\\ 0 & 0 & 0 & 0.560000 & 0.440000\\ 0.276923 & 0.723077 & 0 & 0 & 0\\ 0 & 0 & 0 & 0.633333 & 0.366667\\ 0.369231 & 0.630767 & 0 & 0 & 0\\ 0.792308 & 0.207692 & 0 & 0 & 0\\ 0.453846 & 0.546154 & 0 & 0 & 0\end{bmatrix}$$

服务时间的模糊评价矩阵 RQ_{21}：

$$RQ_{21}=\begin{bmatrix}0 & 0 & 0.772222 & 0.227778 & 0\\ 0.312500 & 0.687500 & 0 & 0 & 0\\ 0.666667 & 0.333333 & 0 & 0 & 0\end{bmatrix}$$

服务成本的模糊评价矩阵 RQ_{22}：

$$RQ_{22}=\begin{bmatrix}0 & 0 & 0 & 1 & 0\\ 0 & 0 & 0.500000 & 0.500000 & 0\\ 0.753846 & 0.246154 & 0 & 0 & 0\end{bmatrix}$$

服务信誉的模糊评价矩阵 RQ_{23}：

$$RQ_{23}=\begin{bmatrix}1 & 0 & 0 & 0 & 0\\ 0 & 0 & 0 & 0.204545 & 0.795455\\ 0 & 0.284404 & 0.715596 & 0 & 0\\ 0.898876 & 0.101124 & 0 & 0 & 0\\ 0.742857 & 0.257143 & 0 & 0 & 0\\ 0 & 0.503876 & 0.496124 & 0 & 0\end{bmatrix}$$

服务可靠性的模糊评价矩阵 RP_{21}：

$$RP_{21}=\begin{bmatrix}0 & 0.963636 & 0.036364 & 0 & 0\\ 0 & 0.981818 & 0.018182 & 0 & 0\\ 0 & 0.881818 & 0.118182 & 0 & 0\\ 0 & 0 & 0 & 0.920000 & 0.080000\\ 0 & 0.045455 & 0.954545 & 0 & 0\\ 0.083333 & 0.916667 & 0 & 0 & 0\end{bmatrix}$$

服务响应性的模糊评价矩阵 RP_{22}：

$$RP_{22}=\begin{bmatrix}0.738462 & 0.261538 & 0 & 0 & 0\\ 0 & 0.890909 & 0.109091 & 0 & 0\\ 0.730769 & 0.269231 & 0 & 0 & 0\end{bmatrix}$$

服务安全性的模糊评价矩阵 $\boldsymbol{RP}_{23}$：

$$\boldsymbol{RP}_{23}=\begin{bmatrix} 0 & 0 & 0 & 0.606667 & 0.393333 \\ 0.707692 & 0.292308 & 0 & 0 & 0 \\ 0 & 0.945455 & 0.054545 & 0 & 0 \\ 0.346154 & 0.653846 & 0 & 0 & 0 \\ 0 & 0 & 0 & 0.706667 & 0.293333 \end{bmatrix}$$

5.2.5 组合权重的确定

(1) 层次分析法得出的权重

由层次分析法原理，以制造资源优化配置能力 $\boldsymbol{S}_{21}$ 为例列出计算过程，求出权重。

① 按照表 5-2 判断矩阵元素标度表，构建两两判断矩阵，见表 5-7。

表 5-7 制造资源优化配置能力 $\boldsymbol{S}_{21}$ 判断矩阵各元素

$\boldsymbol{S}_{21}$	S_{231}	S_{232}	S_{233}	S_{234}	S_{235}
S_{231}	1	3	4	6	7
S_{232}	1/3	1	2	3	5
S_{233}	1/4	1/2	1	2	3
S_{234}	1/6	1/3	1/2	1	2
S_{235}	1/7	1/5	1/3	1/2	1

② 层次单排序。

先对 $\boldsymbol{S}_{21}=\begin{bmatrix} 1 & 3 & 4 & 6 & 7 \\ 1/3 & 1 & 2 & 3 & 5 \\ 1/4 & 1/2 & 1 & 2 & 3 \\ 1/6 & 1/3 & 1/2 & 1 & 2 \\ 1/7 & 1/5 & 1/3 & 1/2 & 1 \end{bmatrix}$ 归一化处理，得：

$$\overline{\boldsymbol{S}}_{21}=\begin{bmatrix} 0.528302 & 0.596026 & 0.510638 & 0.48 & 0.388889 \\ 0.176101 & 0.198675 & 0.255319 & 0.24 & 0.277778 \\ 0.132075 & 0.099338 & 0.127660 & 0.16 & 0.166667 \\ 0.088050 & 0.066225 & 0.063830 & 0.08 & 0.111111 \\ 0.075472 & 0.039735 & 0.042553 & 0.04 & 0.055556 \end{bmatrix}$$

归一化后，把 $\overline{S}_{21}$ 按行相加，得：

$$\overline{WS}_{21}=\begin{bmatrix}2.503856\\1.147873\\0.685739\\0.409216\\0.253316\end{bmatrix}$$

对 $\overline{S}_{21}$ 进行再一次归一化，得：

$$WS_{21}=\begin{bmatrix}0.500771\\0.229575\\0.137148\\0.081843\\0.050663\end{bmatrix}$$

因此所得矩阵 WS_{21} 即为制造资源优化配置能力 S_{21} 的权重，但此权重合不合理还需要经过一致性检验才能确定。

③ 一致性检验。由式(5-5) 可得，最大特征根

$$\lambda_{\max}=\frac{1}{m}\sum_{i=1}^{m}\left(\frac{\sum_{j=1}^{m}s_{2ij}w_j}{w_j}\right)$$

$$=\frac{1}{5}\left(\begin{array}{l}\dfrac{1\times0.500771+3\times0.229575+4\times0.137148+6\times0.081843+7\times0.0500663}{0.500771}+\cdots+\\\dfrac{1/7\times0.500771+1/5\times0.229575+1/3\times0.137148+1/2\times0.081843+1\times0.050663}{0.050663}\end{array}\right)$$

$$=5.073011$$

根据式(5-6) 计算一致性指标

$$CI=\frac{\lambda_{\max}-m}{m-1}=\frac{5.073011-5}{5-1}=0.018253$$

又根据表 5-3 平均随机一致性指标 RI，当 $m=5$ 时，$RI=1.12$，则

$$CR=\frac{CI}{RI}=\frac{0.018253}{1.12}=0.016297<0.1$$

说明目前构造的两两判断矩阵具有一致性，制造资源优化配置能力 S_{21} 的权重 WS_{21} 暂时分配合理。

同样计算其他第三级评价指标权重。

人员素质能力的判断矩阵 S_{22}：

$$S_{22}=\begin{bmatrix}1 & 1/5 & 1/6\\5 & 1 & 1/2\\6 & 2 & 1\end{bmatrix}$$

计算出的权重 $\boldsymbol{WS}_{22}$：

$$\boldsymbol{WS}_{22}=[0.081944 \quad 0.343056 \quad 0.575000]$$

柔性制造能力判断矩阵 $\boldsymbol{S}_{23}$：

$$\boldsymbol{S}_{23}=\begin{bmatrix}1 & 3 & 5 & 2 & 1/2 & 1/3\\1/3 & 1 & 3 & 2 & 1/2 & 1/3\\1/5 & 1/3 & 1 & 1/2 & 1/3 & 1/5\\1/2 & 1/2 & 2 & 1 & 1/2 & 1/3\\2 & 2 & 3 & 2 & 1 & 1/2\\3 & 3 & 5 & 3 & 2 & 1\end{bmatrix}$$

计算出的权重 $\boldsymbol{WS}_{23}$：

$$\boldsymbol{WS}_{23}=[0.187967 \quad 0.120727 \quad 0.050937 \quad 0.091557 \quad 0.204700 \quad 0.344110]$$

绿色制造能力的判断矩阵 $\boldsymbol{S}_{24}$：

$$\boldsymbol{S}_{24}=\begin{bmatrix}1 & 1/4 & 3 & 1/4 & 3 & 1/2 & 2\\4 & 1 & 5 & 2 & 4 & 2 & 4\\1/3 & 1/5 & 1 & 1/3 & 2 & 1/2 & 2\\4 & 1/2 & 3 & 1 & 6 & 4 & 7\\1/3 & 1/4 & 1/2 & 1/6 & 1 & 1/2 & 2\\2 & 1/2 & 2 & 1/4 & 2 & 1 & 3\\1/2 & 1/4 & 1/2 & 1/7 & 1/2 & 1/3 & 1\end{bmatrix}$$

计算出的权重 $\boldsymbol{WS}_{24}$：

$$\boldsymbol{WS}_{24}=[0.105898 \quad 0.302421 \quad 0.071753 \quad 0.292875 \quad 0.055943 \quad 0.127389 \quad 0.043720]$$

服务时间的判断矩阵 $\boldsymbol{Q}_{21}$：

$$\boldsymbol{Q}_{21}=\begin{bmatrix}1 & 3 & 5\\1/3 & 1 & 2\\1/5 & 1/2 & 1\end{bmatrix}$$

计算出的权重 $\boldsymbol{WQ}_{21}$：

$$\boldsymbol{WQ}_{21}=[0.647947 \quad 0.229879 \quad 0.122182]$$

服务成本的判断矩阵 $\boldsymbol{Q}_{22}$：

$$\boldsymbol{Q}_{22}=\begin{bmatrix}1 & 1/3 & 1/2\\3 & 1 & 2\\2 & 1/2 & 1\end{bmatrix}$$

计算出的权重 $\boldsymbol{WQ}_{22}$：

$$\boldsymbol{WQ}_{22}=[0.163781\quad 0.538961\quad 0.297258]$$

服务信誉的判断矩阵 $\boldsymbol{Q}_{23}$：

$$\boldsymbol{Q}_{23}=\begin{bmatrix}1 & 1/2 & 1/4 & 1/3 & 1/6 & 1/5\\2 & 1 & 1/2 & 1/3 & 1/4 & 1/5\\4 & 2 & 1 & 2 & 1/2 & 1/2\\3 & 3 & 1/2 & 1 & 1/2 & 1/2\\6 & 4 & 2 & 2 & 1 & 2\\5 & 5 & 2 & 2 & 1/2 & 1\end{bmatrix}$$

计算出的权重 $\boldsymbol{WQ}_{23}$：

$$\boldsymbol{WQ}_{23}=[0.044325\quad 0.069067\quad 0.170907\quad 0.138651\quad 0.320342\quad 0.256708]$$

服务可靠性的判断矩阵 $\boldsymbol{P}_{21}$：

$$\boldsymbol{P}_{21}=\begin{bmatrix}1 & 7 & 3 & 2 & 4 & 2\\1/7 & 1 & 1/3 & 1/4 & 1/2 & 1/5\\1/3 & 3 & 1 & 1/2 & 2 & 1/2\\1/2 & 4 & 2 & 1 & 2 & 1/2\\1/4 & 2 & 1/2 & 1/2 & 1 & 1/3\\1/2 & 5 & 2 & 2 & 3 & 1\end{bmatrix}$$

计算出的权重 $\boldsymbol{WP}_{21}$：

$$\boldsymbol{WP}_{21}=[0.350966\quad 0.043285\quad 0.120356\quad 0.170322\quad 0.078791\quad 0.236280]$$

服务响应性的判断矩阵 $\boldsymbol{P}_{22}$：

$$\boldsymbol{P}_{22}=\begin{bmatrix}1 & 5 & 2\\1/5 & 1 & 1/3\\1/2 & 3 & 1\end{bmatrix}$$

计算出的权重 $\boldsymbol{WP}_{22}$：

$$\boldsymbol{WP}_{22}=[0.581264\quad 0.109586\quad 0.309150]$$

服务安全性的判断矩阵 $\boldsymbol{P}_{23}$：

$$P_{23}=\begin{bmatrix}1 & 1/7 & 1/5 & 1/2 & 1/3\\7 & 1 & 2 & 4 & 3\\5 & 1/2 & 1 & 3 & 2\\2 & 1/4 & 1/3 & 1 & 1/2\\3 & 1/3 & 1/2 & 2 & 1\end{bmatrix}$$

计算出的权重 $\boldsymbol{WP}_{23}$：

$$\boldsymbol{WP}_{23}=[0.053143\quad 0.430786\quad 0.265742\quad 0.094893\quad 0.155437]$$

同样按照相同的计算步骤得出第二层级云制造服务综合评价指标的权重。

制造服务能力的判断矩阵 $\boldsymbol{S}_1$：

$$\boldsymbol{S}_1=\begin{bmatrix}1 & 1/2 & 2 & 3\\2 & 1 & 3 & 4\\1/2 & 1/3 & 1 & 2\\1/3 & 1/4 & 1/2 & 1\end{bmatrix}$$

计算出的权重 $\boldsymbol{WS}_1$：

$$\boldsymbol{WS}_1=[0.277140\quad 0.465819\quad 0.161071\quad 0.095970]$$

服务质量的判断矩阵 $\boldsymbol{Q}_1$：

$$\boldsymbol{Q}_1=\begin{bmatrix}1 & 1/2 & 1/5\\2 & 1 & 1/3\\5 & 3 & 1\end{bmatrix}$$

计算出的权重 $\boldsymbol{WQ}_1$：

$$\boldsymbol{WQ}_1=[0.122182\quad 0.229871\quad 0.647947]$$

服务交易保障的判断矩阵 $\boldsymbol{P}_1$：

$$\boldsymbol{P}_1=\begin{bmatrix}1 & 2 & 1/3\\1/2 & 1 & 1/4\\3 & 4 & 1\end{bmatrix}$$

计算出的权重 $\boldsymbol{WP}_1$：

$$\boldsymbol{WP}_1=[0.239488\quad 0.137288\quad 0.623225]$$

同样按照相同的计算步骤得出第一层级云制造服务综合评价指标的权重。

另外，对于云制造服务的多样性，由于主观偏好，不同的服务需求可能对同样的指标重要程度要求不同，为使综合评价模型更加符合实际情况，对于第一层级评价指标运用层次分析法分三种情况来求权重。

第一种权重方式：$w_S > w_Q > w_P$

$$\boldsymbol{C}_1 = \begin{bmatrix} 1 & 2 & 4 \\ 1/2 & 1 & 2 \\ 1/4 & 1/2 & 1 \end{bmatrix}$$

计算出的权重 $\boldsymbol{WC}_1$：

$$\boldsymbol{WC}_1 = [0.571429 \quad 0.285714 \quad 0.142857]$$

第二种权重方式：$w_P > w_Q > w_S$

$$\boldsymbol{C}_2 = \begin{bmatrix} 1 & 1/2 & 1/4 \\ 2 & 1 & 1/2 \\ 4 & 2 & 1 \end{bmatrix}$$

计算出的权重 $\boldsymbol{WC}_2$：

$$\boldsymbol{WC}_2 = [0.142857 \quad 0.285714 \quad 0.571429]$$

第三种权重方式：$w_Q > w_P > w_S$

$$\boldsymbol{C}_3 = \begin{bmatrix} 1 & 1/4 & 1/2 \\ 4 & 1 & 2 \\ 2 & 1/2 & 1 \end{bmatrix}$$

计算出的权重 $\boldsymbol{WC}_3$：

$$\boldsymbol{WC}_3 = [0.142857 \quad 0.571429 \quad 0.285714]$$

④ 层次总排序及一致性检验。层次分析法求得的权重，只有通过层次总排序及总的一致性检验，才能说明建立的两两判断矩阵合理，权重才可以使用。

a. 最低级相对于最高级的层次总排序及总的一致性检验。云制造服务评价指标权重总的一致性检验即最低级评价指标相对于最高级评价指标的总排序及一致性检验。根据层次总排序权重计算表5-4计算。

第一种权重方式：$w_S > w_Q > w_P$。根据式(5-8)可得，其中

$$\sum_{j=1}^{m} CI(j)a_j = \sum_{j=1}^{m} WC_{1j} WS_{1j} CI(j) = 0.5714 \times 0.2771 \times 0.0183 + \cdots + 0.1429 \times 0.6232 \times 0.0086 = 0.0241$$

$$\sum_{j=1}^{m} RI(j)a_j = \sum_{j=1}^{m} WC_{1j} WS_{1j} RI(j) = 0.5714 \times 0.2771 \times 1.12 + \cdots + 0.1429 \times 0.6232 \times 1.12 = 0.9449$$

$$CR=\frac{\sum_{j=1}^{m}CI(j)a_j}{\sum_{j=1}^{m}RI(j)a_j}=\frac{0.0241}{0.9449}=0.0255<0.1$$

因此，在第三级相对于最高级云制造服务综合评价指标体系权重下，第一种云制造服务评价指标权重层次总排序合理。

同理可得第二种权重方式：$w_P>w_Q>w_S$。

$$\sum_{j=1}^{m}CI(j)a_j=\sum_{j=1}^{m}WC_{2j}WS_{1j}CI(j)=0.1429\times0.2771\times0.0183+\cdots+0.5714\times0.6232\times0.0086=0.0161$$

$$\sum_{j=1}^{m}RI(j)a_j=\sum_{j=1}^{m}WC_{2j}WS_{1j}RI(j)=0.1429\times0.2771\times1.12+\cdots+0.5714\times0.6232\times1.12=1.0242$$

$$CR=\frac{\sum_{j=1}^{m}CI(j)a_j}{\sum_{j=1}^{m}RI(j)a_j}=\frac{0.0161}{1.0242}=0.0157<0.1$$

因此，在第三级相对于最高级云制造服务综合评价指标体系权重下，第二种云制造服务评价指标权重层次总排序合理。

同理可得第三种权重方式：$w_Q>w_P>w_S$。

$$\sum_{j=1}^{m}CI(j)a_j=\sum_{j=1}^{m}WC_{3j}WS_{1j}CI(j)=0.1429\times0.2771\times0.0183+\cdots+0.2857\times0.6232\times0.0086=0.0200$$

$$\sum_{j=1}^{m}RI(j)a_j=\sum_{j=1}^{m}WC_{3j}WS_{1j}RI(j)=0.1429\times0.2771\times1.12+\cdots+0.2857\times0.6232\times1.12=1.0037$$

$$CR=\frac{\sum_{j=1}^{m}CI(j)a_j}{\sum_{j=1}^{m}RI(j)a_j}=\frac{0.0200}{1.0037}=0.0199<0.1$$

因此，在第三级相对于最高级云制造服务综合评价指标体系权重下，第三种云制造服务评价指标权重层次总排序合理。

b. 第二级相对于最高级的层次总排序及一致性检验。

第一种权重方式：$w_S > w_Q > w_P$。

$$\sum_{j=1}^{m} CI(j)a_j = 0.5714 \times 0.0103 + 0.2857 \times 0.0018 + 0.1429 \times 0.0092 = 0.0077$$

$$\sum_{j=1}^{m} RI(j)a_j = 0.5714 \times 0.89 + 0.2857 \times 0.52 + 0.1429 \times 0.52 = 0.7314$$

$$CR = \frac{\sum_{j=1}^{m} CI(j)a_j}{\sum_{j=1}^{m} RI(j)a_j} = \frac{0.0077}{0.7314} = 0.0105 < 0.1$$

因此，在第二级相对于最高级云制造服务综合评价指标体系权重下，第一种云制造服务评价指标权重层次总排序合理。

第二种权重方式：$w_P > w_Q > w_S$。

$$\sum_{j=1}^{m} CI(j)a_j = 0.1429 \times 0.0103 + 0.2857 \times 0.0018 + 0.5714 \times 0.0092 = 0.0072$$

$$\sum_{j=1}^{m} RI(j)a_j = 0.1429 \times 0.89 + 0.2857 \times 0.52 + 0.5714 \times 0.52 = 0.5729$$

$$CR = \frac{\sum_{j=1}^{m} CI(j)a_j}{\sum_{j=1}^{m} RI(j)a_j} = \frac{0.0072}{0.5729} = 0.0126 < 0.1$$

因此，在第二级相对于最高级云制造服务综合评价指标体系权重下，第二种云制造服务评价指标权重层次总排序合理。

第三种权重方式：$w_Q > w_P > w_S$。

$$\sum_{j=1}^{m} CI(j)a_j = 0.1429 \times 0.0103 + 0.5714 \times 0.0018 + 0.2857 \times 0.0092 = 0.0051$$

$$\sum_{j=1}^{m} RI(j)a_j = 0.1429 \times 0.89 + 0.5714 \times 0.52 + 0.2857 \times 0.52 = 0.5729$$

$$CR = \frac{\sum_{j=1}^{m} CI(j)a_j}{\sum_{j=1}^{m} RI(j)a_j} = \frac{0.0051}{0.5729} = 0.0089 < 0.1$$

因此，在第二级相对于最高级云制造服务综合评价指标体系权重下，第三种云制造服务评价指标权重层次总排序合理。

(2) 熵权法确定客观权重

熵权法是客观求权重的方法，根据熵权法求权重式(5-9)～式(5-13)，通过 Matlab 编程得出每个指标具体的真实权重，即客观权重如表 5-8 所示。

表 5-8　评价指标的客观权重

β_1	0.271490	β_{11}	0.125720	β_{21}	0.075938	β_{31}	0.146514	β_{41}	0.268324
β_2	0.205633	β_{12}	0.189684	β_{22}	0.302586	β_{32}	0.071579	β_{42}	0.410285
β_3	0.237754	β_{13}	0.175181	β_{23}	0.224878	β_{33}	0.083119	β_{43}	0.127675
β_4	0.148374	β_{14}	0.194405	β_{24}	0.472537	β_{34}	0.141658	β_{44}	0.287981
β_5	0.136749	β_{15}	0.179886	β_{25}	0.350545	β_{35}	0.110476	β_{45}	0.212433
β_6	0.222538	β_{16}	0.174548	β_{26}	0.343526	β_{36}	0.153778	β_{46}	0.125175
β_7	0.438519	β_{17}	0.181192	β_{27}	0.305929	β_{37}	0.225529	β_{47}	0.246735
β_8	0.338943	β_{18}	0.165751	β_{28}	0.194956	β_{38}	0.238662	—	—
β_9	0.144422	β_{19}	0.122733	β_{29}	0.229093	β_{39}	0.129896	—	—
β_{10}	0.170588	β_{20}	0.099952	β_{30}	0.274739	β_{40}	0.321391	—	—

(3) 组合权重

求出主客观权重之后，由组合权重公式(5-14)，计算出云制造服务制造资源优化配置能力的组合权重 $\mathbf{A}_1$。

因为

$$w_1 \times \beta_1 = 0.500771 \times 0.271490 = 0.135954$$
$$w_2 \times \beta_2 = 0.229575 \times 0.205633 = 0.047208$$
$$w_3 \times \beta_3 = 0.137148 \times 0.237754 = 0.032607$$
$$w_4 \times \beta_4 = 0.081843 \times 0.148374 = 0.012143$$
$$w_5 \times \beta_5 = 0.050663 \times 0.136749 = 0.006928$$

$$\sum_{i=1}^{m} w_i \beta_i = 0.500771 \times 0.271490 +, \cdots, + 0.050663 \times 0.136749 = 0.234841$$

所以

$$\alpha_1 = 0.578920, \alpha_2 = 0.201021, \alpha_3 = 0.138847, \alpha_4 = 0.051707, \alpha_5 = 0.029501$$

故

$$\mathbf{A}_1 = [\alpha_1, \alpha_2, \alpha_3, \alpha_4, \alpha_5]$$

$=[0.578920\quad 0.201021\quad 0.138847\quad 0.051707\quad 0.029501]$

同理求得下列组合权重。

人员素质能力的组合权重 $\boldsymbol{A}_2$：

$$\boldsymbol{A}_2=[\alpha_6,\alpha_7,\alpha_8]=[0.050159\quad 0.413784\quad 0.536060]$$

柔性制造能力的组合权重 $\boldsymbol{A}_3$：

$$\boldsymbol{A}_3=[\alpha_9,\alpha_{10},\alpha_{11},\alpha_{12},\alpha_{13},\alpha_{14}]$$
$$=[0.155777\quad 0.118180\quad 0.036748\quad 0.099657\quad 0.205775\quad 0.383874]$$

绿色制造能力的组合权重 $\boldsymbol{A}_4$：

$$\boldsymbol{A}_4=[\alpha_{15},\alpha_{16},\alpha_{17},\alpha_{18},\alpha_{19},\alpha_{20},\alpha_{21}]$$
$$=[0.121848\quad 0.337727\quad 0.083179\quad 0.310580\quad 0.043928\quad 0.081465\quad 0.021241]$$

服务时间的组合权重 $\boldsymbol{A}_5$：

$$\boldsymbol{A}_5=[\alpha_{22},\alpha_{23},\alpha_{24}]=[0.641790\quad 0.169215\quad 0.188993]$$

服务成本的组合权重 $\boldsymbol{A}_6$：

$$\boldsymbol{A}_6=[\alpha_{25},\alpha_{26},\alpha_{27}]=[0.172150\quad 0.555163\quad 0.272684]$$

服务信誉的组合权重 $\boldsymbol{A}_7$：

$$\boldsymbol{A}_7=[\alpha_{28},\alpha_{29},\alpha_{30},\alpha_{31},\alpha_{32},\alpha_{33}]$$
$$=[0.063544\quad 0.116345\quad 0.345255\quad 0.149367\quad 0.168602\quad 0.156889]$$

服务可靠性的组合权重 $\boldsymbol{A}_8$：

$$\boldsymbol{A}_8=[\alpha_{34},\alpha_{35},\alpha_{36},\alpha_{37},\alpha_{38},\alpha_{39}]$$
$$=[0.305567\quad 0.029717\quad 0.115016\quad 0.238713\quad 0.116855\quad 0.190732]$$

服务响应性的组合权重 $\boldsymbol{A}_9$：

$$\boldsymbol{A}_9=[\alpha_{40},\alpha_{41},\alpha_{42}]=[0.544554\quad 0.085715\quad 0.369734]$$

服务安全性的组合权重 $\boldsymbol{A}_{10}$：

$$\boldsymbol{A}_{10}=[\alpha_{43},\alpha_{44},\alpha_{45},\alpha_{46},\alpha_{47}]$$
$$=[0.028565\quad 0.522292\quad 0.237667\quad 0.050007\quad 0.161464]$$

5.2.6 多级模糊综合评价

从云制造服务综合评价指标体系表 5-5 可知，该评价指标体系是由三级评价指标组成的层次化结构。云制造模糊综合评价流程首先要对最低级进行评价，然后再向更高一级，以此类推，最后得出总的评价结果。

按照云制造服务模糊综合评价建模流程，多级云制造服务综合评价指标因素集、评价对象评语集、多级评价指标模糊关系矩阵、组合权重的确定已经完成。根据以上步骤，将进行多级模糊综合评价。

（1）第三级模糊综合评价

由式(5-1)计算出制造资源优化配置能力的模糊评价结果矩阵 $\boldsymbol{F}_{31}$：

$$\boldsymbol{F}_{31}=\boldsymbol{A}_1\boldsymbol{RS}_{21}$$

$$=[0.578920\quad 0.201021\quad 0.138847\quad 0.051707\quad 0.029501]\begin{bmatrix}0.792308 & 0.207692 & 0 & 0 & 0\\ 0 & 0.936364 & 0.063636 & 0 & 0\\ 0.807692 & 0.192308 & 0 & 0 & 0\\ 0.384615 & 0.615385 & 0 & 0 & 0\\ 0.446154 & 0.553846 & 0 & 0 & 0\end{bmatrix}$$

$$=[0.603937\quad 0.383172\quad 0.012791\quad 0\quad 0]$$

同理可求得下列模糊评价结果矩阵。

人员素质能力的模糊评价结果矩阵 $\boldsymbol{F}_{32}$：

$$\boldsymbol{F}_{32}=[0.378233\quad 0.538999\quad 0.82867\quad 0\quad 0]$$

柔性制造能力的模糊评价结果矩阵 $\boldsymbol{F}_{33}$：

$$\boldsymbol{F}_{33}=[0.458882\quad 0.424994\quad 0.079424\quad 0.023733\quad 0.012967]$$

绿色制造能力的模糊评价结果矩阵 $\boldsymbol{F}_{34}$：

$$\boldsymbol{F}_{34}=[0.113314\quad 0.166377\quad 0.072209\quad 0.386071\quad 0.262629]$$

服务时间的模糊评价结果矩阵 $\boldsymbol{F}_{35}$：

$$\boldsymbol{F}_{35}=[0.178808\quad 0.179292\quad 0.495689\quad 0.146211\quad 0]$$

服务成本的模糊评价结果矩阵 $\boldsymbol{F}_{36}$：

$$\boldsymbol{F}_{36}=[0.205498\quad 0.067102\quad 0.277500\quad 0.449600\quad 0]$$

服务信誉的模糊评价结果矩阵 $\boldsymbol{F}_{37}$：

$$\boldsymbol{F}_{37}=[0.322499\quad 0.235398\quad 0.324502\quad 0.023768\quad 0.092432]$$

服务可靠性的模糊评价结果矩阵 $\boldsymbol{F}_{38}$：

$$\boldsymbol{F}_{38}=[0.015900\quad 0.608544\quad 0.136856\quad 0.219604\quad 0.019096]$$

服务响应性的模糊评价结果矩阵 $\boldsymbol{F}_{39}$：

$$\boldsymbol{F}_{39}=[0.672330\quad 0.318321\quad 0.009349\quad 0\quad 0]$$

服务安全性的模糊评价结果矩阵 $\boldsymbol{F}_{310}$：

F_{310} = [0.387112　0.410034　0.012955　0.131336　0.058564]

(2) 第二级模糊综合评价

在第三级评级的基础上，第二级模糊综合评价结果如下。

服务能力模糊评价结果矩阵 F_{21}：

F_{21} = [0.428336　0.441682　0.061871　0.040886　0.027301]

服务质量模糊评价结果矩阵 F_{22}：

F_{22} = [0.278042　0.189851　0.334615　0.136629　0.059887]

服务交易保障评价结果矩阵 F_{23}：

F_{23} = [0.337367　0.444985　0.042134　0.134444　0.041071]

(3) 第一级模糊综合评价

最终的云制造服务综合评价结果矩阵 F_1：

F_1 = [0.372398　0.370206　0.136974　0.081609　0.038579]

5.2.7 评价结果等级分类

进行完模糊综合评价结果矩阵之后，要对云制造服务综合评价结果进行等级分类。因此，综合以上情况并结合实际，设立评价结果标准矩阵 N = [100，90，80，65，55]，分别对应“优”“良”“中”“合格”“差”五个等级值。则总的评价结果 Z，由式(5-26) 得出。最后根据结果 Z 的数值，对照等级分类表 5-9 划分不同的评价等级。

$$Z = \boldsymbol{FN} \tag{5-26}$$

式中，$\boldsymbol{N}$ 为评价结果标准矩阵；$\boldsymbol{F}$ 为模糊综合评价结果向量；Z 为总的评价结果值。

表 5-9　等级分类

评价分值	评价等级
$Z \geqslant 88$	优
$78 \leqslant Z < 88$	良
$68 \leqslant Z < 78$	中
$62 \leqslant Z < 68$	合格
$Z < 62$	差

综上由 5.2.6 节得出的 $\boldsymbol{F}_1$ 带入式(5-26)，即

$$Z_1=\boldsymbol{F}_1\boldsymbol{N}=[0.372398 \quad 0.370206 \quad 0.136974 \quad 0.081609 \quad 0.038579][100 \quad 90 \quad 80 \quad 65 \quad 55]^{\mathrm{T}}=88.9427$$

由此可得云制造服务 1 在第一种权重方式下的最终评分值为 88.9427，结果为优等级。

其余的云制造服务通过 Matlab 编程得出的评价结果，见表 5-10～表 5-12。

第一种权重方式：$w_S>w_Q>w_P$

其中，$w_S=0.5714$，$w_Q=0.2857$，$w_P=0.1429$，分别为层次分析法得出权重值。

表 5-10　30 组云制造服务评价结果值（一）

服务序号	1	2	3	4	5	6	7	8	9	10
评分值	88.9427	86.6183	88.3763	85.8003	90.4366	89.7891	90.5402	89.9907	90.0046	90.0598
服务序号	11	12	13	14	15	16	17	18	19	20
评分值	84.4692	81.8326	89.9215	88.7960	86.8027	88.6784	85.9830	85.0993	89.8145	79.4391
服务序号	21	22	23	24	25	26	27	28	29	30
评分值	80.2983	88.0623	77.3615	74.7086	70.6260	65.3523	65.4752	68.3529	66.6856	59.4058

根据表 5-9、表 5-10 可知，优等级的云制造服务序号为 1、3、5、6、7、8、9、10、13、14、16、19、22。良等级的云制造服务序号为 2、4、11、12、15、17、18、20、21。中等级的云制造服务序号为 23、24、25、28。合格等级的云制造服务序号为 26、27、29。差等级的云制造服务序号为 30。

第二种权重方式：$w_P>w_Q>w_S$

其中，$w_S=0.1429$，$w_Q=0.2857$，$w_P=0.5714$，分别为层次分析法得出权重值。

表 5-11　30 组云制造服务评价结果值（二）

服务序号	1	2	3	4	5	6	7	8	9	10
评分值	87.4487	89.9308	86.9035	87.9879	90.0974	90.0043	89.6741	91.4180	87.8039	85.5989
服务序号	11	12	13	14	15	16	17	18	19	20
评分值	80.4101	84.9235	90.4376	87.6249	87.5423	87.6570	81.8052	80.3982	89.5278	84.1506
服务序号	21	22	23	24	25	26	27	28	29	30
评分值	84.9457	85.4519	79.9576	81.7957	74.1129	67.7159	65.3538	68.8863	73.1226	59.8808

根据表5-9、表5-11可知，优等级的云制造服务序号为2、5、6、7、8、13、19。良等级的云制造服务序号为1、3、4、9、10、11、12、14、15、16、17、18、20、21、22、23、24。中等级的云制造服务序号为25、28、29。合格等级的云制造服务序号为26、27。差等级的云制造服务序号为30。

第三种权重方式：$w_Q > w_P > w_S$

其中，$w_S = 0.1429$，$w_Q = 0.5714$，$w_P = 0.2857$，分别为层次分析法得出权重值。

表 5-12　30 组云制造服务评价结果值（三）

服务序号	1	2	3	4	5	7	8	9	10
评分值	86.2386	89.5929	85.6730	89.2070	90.4384	89.1960	89.0993	88.4730	86.7390
服务序号	11	12	13	14	15	17	18	19	20
评分值	82.5879	84.5852	89.8262	87.5022	87.9522	84.6873	78.9791	88.3583	82.8889
服务序号	21	22	23	24	25	27	28	29	30
评分值	85.0611	86.1940	79.0561	80.0809	77.7397	69.7078	69.6761	73.2708	61.3312

根据表5-9、表5-12可知，优等级的云制造服务序号为2、4、5、6、7、8、13、19。良等级的云制造服务序号为1、3、10、11、12、14、15、16、17、18、20、21、22、23、24。中等级的云制造服务序号为25、26、28、27、29。差等级的云制造服务序号为30。

由表5-10～表5-12得出三种权重方式下对应的各等级云制造服务数量如图5-5所示。其中第一种权重方式，“优”“良”“中”“合格”“差”等级的云制造服务分别为13、9、4、3、1个。第二种权重方式，“优”“良”“中”“合格”“差”等级的云制造服务分别为7、17、3、2、1个。第三种权重方式，“优”“良”“中”“合格”“差”等级的云制造服务分别为9、15、5、0、1个。

通过30组实例验证了该评价模型能合理、有效地进行等级分类。该模型具有以下特征：

① 根据云制造服务评价的特征，构建了较为完善的三级评价指标体系，具有很强的代表性，同时该评价体系可以根据服务用户的实际需求进行适当的修改。

② 建立的云制造服务评价指标评语集、模糊梯形分布和三角函数分布，能够对评价指标进行定性和定量的分析。

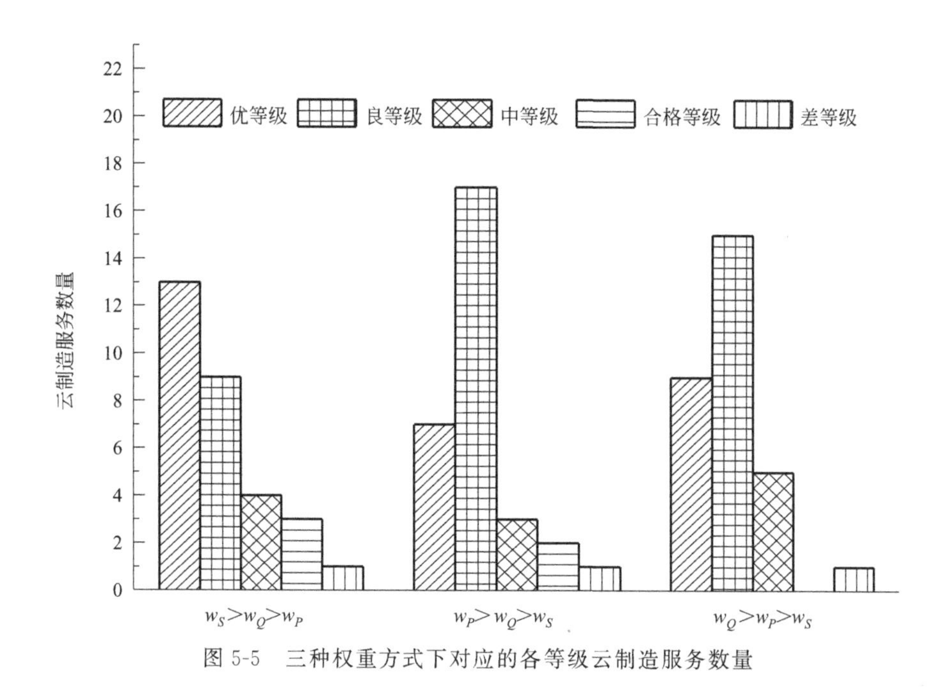

图 5-5　三种权重方式下对应的各等级云制造服务数量

③ 运用层次分析法和熵权法相结合求出的综合评价指标权重值，进行模糊综合评价得出的结果更加科学和可靠。

5.3 本章小结

本章主要介绍了模糊理论的基本概念，然后结合模糊综合评价算法对云制造服务进行建模，建立了适合自身特点的综合评价模型。此外，在确定云制造服务综合评价指标权重的基础上，结合了层次分析法的主观权重和熵权法的客观权重，构建了组合评价权重模型，促使评价结果更加合理和准确。通过实例仿真分析，说明了模糊综合评价等级分类模型具有评价指标权重设置合理，评价步骤明确，评价规则简单、指标量化和数据处理容易实现等特点，具备很强的通用性，从而可以给多种类型的服务用户提供更有价值的参考，对于云制造服务的进一步完善具有重要的意义。

附　录

第3章的成本指标数据中，M 表示制造商，右下角的数字表示其对应的整数数字编码。其中，C_1 代表物料成本，C_2 代表工艺成本，C_3 代表通信成本，C_4 代表库存成本，C_5 代表专家聘请成本，C_6 代表工人雇佣成本，C_7 代表失效产品净增成本，C_8 代表设备维修成本，C_9 代表停工损失，C_{10} 代表返修成本，C_{11} 代表配送成本，C_{12} 代表废品成本，C_{13} 代表产品增值。成本指标数据如附表1所示。

附表1　成本指标数据

C	C_1	C_2	C_3	C_4	C_5	C_6	C_7	C_8	C_9	C_{10}	C_{11}	C_{12}	C_{13}
M_1	40	19	5	3.4	1	2.5	3.3	2.5	0.6	4.3	1	0.3	16.3
M_2	41	20	6	3	1.2	2	3.4	2.3	0.5	4	1.1	0.3	17
M_3	39	21	5	3.5	1.1	2.2	3.1	2.4	0.6	4.1	1.3	0.2	16
M_4	42	18	5	3.3	1.7	3	3.5	2.6	0.7	4.4	0.8	0.1	16.5
M_5	43	17	4	3	1	2.5	3.4	2.3	0.8	4	0.9	0.4	18
M_6	41	21	6	4	1	2	3.5	2.2	0.4	4.1	1	0.2	17
M_7	40	20	5	3.5	1.5	2.3	3.1	2.1	0.5	3.9	0.8	0.3	17.3
M_8	42	18	4.5	3.6	1.4	2.5	3	2.5	0.6	3.9	1	0.1	16.3
M_9	41	19	5.2	3.1	0.9	2.3	3.5	2.6	0.7	3.8	1.1	0.2	16.5
M_{10}	43	20	4.8	3.2	1.3	2.2	3.6	2	0.8	4.2	1.2	0.2	16.9
M_{11}	43	19	5.1	3.7	1.3	2.1	3.4	2.1	0.7	4.4	1.3	0.1	17.1
M_{12}	39	18	5.5	3.4	1.1	2.2	3.3	2.2	0.5	4	1	0.3	17.5
M_{13}	43	17	4.2	3.3	1.2	2	3.2	2.4	0.6	4.2	0.9	0.1	17.6
M_{14}	38	20	4.5	3	1	2.5	3.5	2.3	0.7	3.9	0.8	0.3	17.2
M_{15}	40	18	5.3	3.2	1.3	2.2	3.1	2.2	0.5	3.8	0.7	0.2	16.5
M_{16}	39	17	5.5	3.1	1.4	2.3	3.2	2.1	0.4	3.7	0.8	0.4	16.8
M_{17}	44	19	4.1	3.3	1.2	2.5	3.6	2.5	0.6	3.5	1	0.1	16.7
M_{18}	42	18	4.5	3.5	1	2.2	3.2	2.7	0.7	4	0.9	0.3	16.3
M_{19}	40	20	5.5	3.1	1.4	2.4	3.3	2.4	0.8	4.2	1.2	0.1	16.2
M_{20}	39	17	4.6	3.2	1.3	2.1	3	2.3	0.5	4.5	1.3	0.3	16.9
M_{21}	42	18	5.2	3.3	1.2	2	3.2	2.8	0.6	4.1	1.5	0.2	17
M_{22}	41	19	5.3	3.3	1.2	2.6	3.1	2.9	0.5	3.9	1.2	0.3	17.6
M_{23}	43	17	4.8	3	1	2.7	3.5	3	0.4	3.7	1	0.1	16.5

续表

C	C_1	C_2	C_3	C_4	C_5	C_6	C_7	C_8	C_9	C_{10}	C_{11}	C_{12}	C_{13}
M_{24}	40	20	6.5	3.5	1	2.4	3.4	2.2	0.7	4	0.9	0.2	16.2
M_{25}	44	18	4.5	3.3	1.2	2.8	3.6	2.6	0.5	4.3	0.8	0.3	16.5
M_{26}	40	20	5.5	3.4	1.1	2.2	3.1	2.7	0.6	3.6	0.7	0.1	16.4
M_{27}	38	19	6.5	3.5	1	2	3.2	2.8	0.7	3.8	1.1	0.4	17
M_{28}	40	18	5	3.3	1.2	2.5	3.3	2.1	0.8	4.2	1	0.2	16
M_{29}	42	20	6	3.6	1.4	2.3	3.7	2.3	0.5	4	1.2	0.1	16.6
M_{30}	43	17	5	3.5	1	2.4	3.5	2.5	0.6	4.1	0.9	0.3	17.1
M_{31}	39	18	5.2	3.1	1.2	2.6	3.1	2.4	0.7	4.1	0.8	0.1	16.9
M_{32}	44	20	5.3	3.3	1.1	2.7	3.2	2.6	0.8	3.9	1	0.2	17.1
M_{33}	42	17	4.8	3.5	1	2.4	3.6	2.3	0.7	3.9	1.1	0.2	17.5
M_{34}	40	18	6.5	3.1	1.2	2.8	3.2	2.2	0.5	3.8	1.2	0.1	17.6
M_{35}	38	19	4.5	3.2	1.4	2.2	3.3	2.1	0.6	4.2	1.3	0.3	17.2
M_{36}	40	17	5.5	3.3	1	2	3	2.5	0.7	4.4	1	0.1	16.5
M_{37}	42	17	6.5	3.3	1	2	3.2	2.6	0.5	4	0.9	0.3	16.8
M_{38}	43	20	5	3	1.2	2.5	3.1	2	0.4	4.2	0.8	0.2	16.7
M_{39}	39	18	6	3.4	1.1	2.3	3.5	2.1	0.6	3.9	0.7	0.1	17
M_{40}	39	20	5	3.3	1.7	2.4	3.4	2.2	0.7	3.7	0.8	0.3	17.6
M_{41}	43	19	5.2	3	1	2.6	3.6	2.6	0.5	3.5	1.1	0.2	16.5
M_{42}	38	18	5.3	3.2	1	2.7	3.3	2	0.6	4	1	0.4	16.2
M_{43}	40	20	4.8	3.1	1	2.4	3.4	2.1	0.7	4.2	1.2	0.1	16.5
M_{44}	39	17	6.5	3.3	1.2	3	3.1	2.2	0.8	4.5	0.9	0.3	16.4
M_{45}	44	18	4.5	3.4	1.4	2.5	3.5	2.2	0.5	4.1	0.8	0.1	17
M_{46}	42	19	6	3	1	2	3.4	2.6	0.6	4.3	1	0.3	16
M_{47}	40	20	5	3.5	1	2.3	3.6	2.7	0.7	3.6	1.1	0.3	16.3
M_{48}	39	19	4.5	3.3	1.2	2.5	3.1	2.8	0.8	3.8	1	0.2	17
M_{49}	38	18	5.2	3	1.1	2.3	3.2	2.1	0.7	4.2	1.1	0.1	16
M_{50}	40	17	4.8	4	1	2.2	3.3	2.3	0.6	4	1.3	0.4	16.5
M_{51}	42	20	5.1	3.5	1.3	2.1	3.7	2.5	0.5	4.1	0.8	0.2	18
M_{52}	43	18	5.5	3.6	1.4	2.2	3.5	2.4	0.6	4.1	0.9	0.3	17

续表

C	C_1	C_2	C_3	C_4	C_5	C_6	C_7	C_8	C_9	C_{10}	C_{11}	C_{12}	C_{13}
M_{53}	39	17	4.2	3.1	1.2	2.3	3.1	2.5	0.7	3.9	1	0.1	17.3
M_{54}	39	19	4.5	3.2	1	2.5	3.2	2.3	0.8	3.9	0.8	0.2	16.5
M_{55}	43	18	5.3	3.2	1.2	2.2	3.6	2.4	0.4	3.8	1	0.2	18
M_{56}	38	20	5	3.1	1.1	2.4	3.2	2.6	0.5	4.2	1.1	0.2	17
M_{57}	40	17	6	3.3	1	2.1	3.1	2.3	0.6	4.4	1.2	0.3	17.3
M_{58}	42	18	5	3.4	1.5	2.4	3	2.2	0.6	4.2	1	0.1	16.3
M_{59}	40	19	5	3	1.4	2.6	3.5	2.1	0.5	4.5	1.1	0.2	16.5
M_{60}	39	20	4	3.5	0.9	2.7	3.6	3	0.4	4.1	1	0.3	16.9
M_{61}	39.8	20	5.5	3.1	1.4	2.4	3.3	2.4	0.8	4.2	1.2	0.1	16.2
M_{62}	40	19	5	3.4	1	2.5	3.3	2.5	0.6	4.3	1	0.3	16.3

第3章的时间指标数据中，M 表示制造商，右下角的数字表示其对应的整数数字编码。其中，T_1 代表任务反应时间，T_2 代表应急反应时间，T_3 代表设备维修时间，T_4 代表恢复生产时间，T_5 代表配送时间，T_6 代表工艺故障平均维修时间。时间指标数据如附表2所示。

附表2　时间指标数据

T	T_1	T_2	T_3	T_4	T_5	T_6
M_1	3	7	42	7	21	21
M_2	5	8	40	6	20	20
M_3	4	9	43	5	22	19
M_4	3	6	45	8	23	18
M_5	3	7	41	7	24	19
M_6	6	8	40	8	25	20
M_7	5	7	43	6	22	21
M_8	3	9	46	7	23	22
M_9	4	6	42	8	24	18
M_{10}	4	7	43	7	25	17
M_{11}	6	8	41	5	26	19
M_{12}	4	7	40	7	21	20

续表

T	T_1	T_2	T_3	T_4	T_5	T_6
M_{13}	3	8	44	5	20	21
M_{14}	4	6	42	8	23	20
M_{15}	5	8	43	5	22	19
M_{16}	6	9	41	6	24	18
M_{17}	3	7	40	7	25	17
M_{18}	5	8	45	5	22	18
M_{19}	4	9	40	8	24	19
M_{20}	5	7	41	5	26	20
M_{21}	6	9	42	8	22	21
M_{22}	5	6	43	5	21	22
M_{23}	3	8	41	6	22	18
M_{24}	4	7	40	7	21	17
M_{25}	5	6	43	5	20	19
M_{26}	3	9	42	6	22	20
M_{27}	6	7	45	8	21	21
M_{28}	4	8	42	7	20	17
M_{29}	3	7	44	6	23	18
M_{30}	6	9	45	8	21	19
M_{31}	6	7	40	5	22	17
M_{32}	4	8	43	6	21	18
M_{33}	3	7	45	7	23	19
M_{34}	4	8	41	5	17	20
M_{35}	5	6	40	8	19	21
M_{36}	6	8	43	5	18	22
M_{37}	3	9	46	5	16	18
M_{38}	5	7	44	8	22	17
M_{39}	4	8	42	5	20	21
M_{40}	5	8	43	8	22	17
M_{41}	6	7	41	5	21	18

续表

T	T_1	T_2	T_3	T_4	T_5	T_6
M_{42}	5	6	40	6	17	19
M_{43}	5	9	45	7	17	17
M_{44}	6	7	40	7	23	18
M_{45}	5	8	41	6	22	19
M_{46}	3	7	42	5	24	20
M_{47}	4	9	44	8	25	21
M_{48}	5	7	45	7	22	20
M_{49}	3	8	46	5	24	19
M_{50}	6	7	42	6	26	18
M_{51}	3	8	43	7	22	19
M_{52}	5	9	41	5	25	20
M_{53}	4	6	40	6	26	21
M_{54}	3	7	44	8	21	22
M_{55}	3	8	42	7	20	20
M_{56}	6	7	43	5	23	21
M_{57}	5	9	40	8	27	22
M_{58}	3	6	45	5	15	18
M_{59}	4	7	40	5	16	17
M_{60}	4	8	41	6	16	19
M_{61}	4	9	40	8	24	19
M_{62}	3	7	42	7	21	21

第 3 章的企业资产指标数据中，M 表示制造商，右下角的数字表示其对应的整数数字编码。其中，A_1 代表设备资源，A_2 代表物料资源，A_3 代表技术资源，A_4 代表人力资源，A_5 代表设备更新量。企业资产指标数据如附表 3 所示。

附表 3　企业资产指标数据

A	A_1	A_2	A_3	A_4	A_5
M_1	48.2	47	2.8	1.5	0.5

续表

A	A_1	A_2	A_3	A_4	A_5
M_2	48	46	3	2	1
M_3	47	48	3	1.5	0.5
M_4	48.5	47.5	2.5	1.5	0.5
M_5	48.7	47.2	2.9	1.8	0.8
M_6	48.6	47.6	3	1.7	0.8
M_7	48.2	47	3	1.9	0.9
M_8	48	48	3	2	1
M_9	47	48	2.5	1.5	1
M_{10}	48	47	3	2	1
M_{11}	48.5	47	3	2	0.5
M_{12}	48	47	3	2	1
M_{13}	48.3	47	2.5	1.7	1
M_{14}	48	47	3	2	1
M_{15}	48.6	47.4	2.5	1.5	1
M_{16}	48	48	3	2	1
M_{17}	47	47	2.6	1.3	0.8
M_{18}	48.5	47.4	3	1.2	1.1
M_{19}	48.1	47.5	2.5	1.8	1.2
M_{20}	48.3	48	2.5	1.9	0.9
M_{21}	47	47	3	1.6	0.8
M_{22}	47.9	47.3	2.6	2	1.2
M_{23}	47.5	47.4	2.5	1.9	0.9
M_{24}	47	47.5	2.8	1.5	1
M_{25}	47.7	47.4	2.8	1.9	0.8
M_{26}	47.4	48	2.7	2	0.9
M_{27}	47	47.5	2.5	1.5	1.1
M_{28}	48	47.5	2.9	1.9	1
M_{29}	48.2	48	3	2	0.9
M_{30}	48.1	47.6	2.5	1.8	1.2

续表

A	A_1	A_2	A_3	A_4	A_5
M_{31}	48.5	47.6	2.5	1.7	1
M_{32}	48.1	47	2.9	2	1
M_{33}	48.3	48	3	1.5	0.5
M_{34}	47	48	3	2	1
M_{35}	47.9	47	3	1.3	1
M_{36}	47.5	47	2.8	1.2	0.9
M_{37}	47	47	3	1.8	1
M_{38}	48.3	47.4	3	1.6	0.8
M_{39}	47	48	2.5	2	0.9
M_{40}	47.9	47	2.9	1.9	1.1
M_{41}	47.5	47.4	3	1.5	1
M_{42}	47	47.5	2.5	1.9	0.9
M_{43}	47.7	48	3	2	0.5
M_{44}	47.4	47.3	2.6	1.5	1
M_{45}	47	47.4	3	1.5	0.5
M_{46}	48	47.5	2.5	2	0.5
M_{47}	48.2	47.4	2.5	1.5	0.8
M_{48}	48	48	3	1.5	0.8
M_{49}	47	48	2.6	1.8	0.9
M_{50}	48.5	47	2.5	1.7	1
M_{51}	48.7	47.4	3	1.9	1
M_{52}	48.6	47.5	3	1.7	1
M_{53}	48.2	48	2.5	1.9	0.5
M_{54}	48	47.3	2.9	2	1.1
M_{55}	47	47.4	3	1.5	1
M_{56}	48.6	47.4	2.5	2	0.9
M_{57}	48.2	47.5	3	2	0.5
M_{58}	48	48	2.6	2	1
M_{59}	47	47	2.5	1.7	0.5

续表

A	A_1	A_2	A_3	A_4	A_5
M_{60}	48	47.3	2.9	2	0.9
M_{61}	48.2	47	2.8	1.5	0.5
M_{62}	48	46	3	2	1

第 3 章的生产协调能力指标数据中，M 表示制造商，右下角的数字表示其对应的整数数字编码。其中，PC_1 代表制造技术，PC_2 代表产品测试，PC_3 代表产品性能，PC_4 代表产品寿命，PC_5 代表产品可靠性，PC_6 代表产品安全性，PC_7 代表产品经济性，PC_8 代表产品失效分析，PC_9 代表失效产品改进。生产协调能力指标数据如附表 4 所示。

附表 4　生产协调能力指标数据

PC	PC_1	PC_2	PC_3	PC_4	PC_5	PC_6	PC_7	PC_8	PC_9
M_1	4	5	5	70	3	2	3	4	3
M_2	10	10	6	73	4	2	1	2	1
M_3	8	8	4	66	2	4	2	3	3
M_4	6	5	5	60	5	5	4	4	5
M_5	11	7	6	67	4	3	5	5	3
M_6	8	9	5	71	5	4	5	3	4
M_7	9	8	6	70	3	5	2	5	2
M_8	11	5	6	60	4	3	5	4	5
M_9	7	9	4	66	3	1	1	2	4
M_{10}	8	5	6	60	2	2	4	3	3
M_{11}	6	6	5	70	1	4	5	3	2
M_{12}	5	8	6	67	4	1	4	2	3
M_{13}	10	10	6	72	5	3	2	5	3
M_{14}	5	7	4	66	3	2	4	4	5
M_{15}	11	5	6	70	4	3	5	3	4
M_{16}	7	7	6	67	2	1	1	5	2
M_{17}	9	5	5	69	3	3	3	2	5
M_{18}	6	8	4	66	5	5	5	3	3

续表

PC	PC_1	PC_2	PC_3	PC_4	PC_5	PC_6	PC_7	PC_8	PC_9
M_{19}	11	9	5	70	5	3	5	5	1
M_{20}	10	7	6	67	4	3	3	4	4
M_{21}	8	8	5	65	3	3	2	5	4
M_{22}	6	7	4	68	2	1	3	4	3
M_{23}	9	10	4	70	5	1	5	2	1
M_{24}	7	6	5	68	3	2	3	3	4
M_{25}	11	9	6	68	5	4	1	4	2
M_{26}	10	10	5	70	4	5	3	4	5
M_{27}	6	6	4	60	4	3	4	2	4
M_{28}	9	8	6	70	2	3	1	5	4
M_{29}	10	6	5	68	3	2	2	4	3
M_{30}	7	9	6	66	2	3	5	4	5
M_{31}	5	5	4	71	3	3	2	3	1
M_{32}	10	7	5	70	4	4	4	3	4
M_{33}	5	5	6	60	3	5	5	2	2
M_{34}	11	8	5	66	2	3	1	5	5
M_{35}	7	9	6	60	1	1	3	4	4
M_{36}	9	7	6	70	4	2	5	3	2
M_{37}	11	8	4	67	3	4	5	5	5
M_{38}	10	7	6	72	5	1	3	2	4
M_{39}	8	10	5	70	4	3	3	3	4
M_{40}	6	7	6	68	4	2	1	5	3
M_{41}	9	8	4	68	2	4	2	4	5
M_{42}	6	7	6	70	3	1	4	4	1
M_{43}	9	10	5	60	3	3	5	2	3
M_{44}	10	6	6	70	4	2	5	5	2
M_{45}	7	9	4	68	2	3	2	4	3
M_{46}	5	10	5	70	5	1	5	4	3
M_{47}	10	6	6	73	4	3	1	3	5

续表

PC	PC_1	PC_2	PC_3	PC_4	PC_5	PC_6	PC_7	PC_8	PC_9
M_{48}	5	5	5	66	5	5	4	3	4
M_{49}	11	10	6	60	3	3	5	2	2
M_{50}	4	8	4	67	4	3	4	5	5
M_{51}	10	5	6	71	5	3	4	4	5
M_{52}	8	7	6	70	3	1	5	2	3
M_{53}	6	9	5	67	4	4	1	3	4
M_{54}	11	8	4	71	3	5	3	4	2
M_{55}	8	5	5	70	2	3	5	5	5
M_{56}	9	9	6	60	1	1	5	3	4
M_{57}	11	5	5	66	4	2	3	5	4
M_{58}	7	6	4	60	5	4	2	2	4
M_{59}	8	7	4	70	3	1	3	5	3
M_{60}	6	5	5	66	4	3	1	4	5
M_{61}	11	9	5	70	5	3	5	5	1
M_{62}	3.82	5	5	70	3	2	3	4	3

第3章的企业协调能力指标数据中，M 表示制造商，右下角的数字表示其对应的整数数字编码。其中，EC_1 代表市场变化状况，EC_2 代表资金周转。企业协调能力指标数据附表5所示。

附表5　企业协调能力指标数据

EC	EC_1	EC_2
M_1	97.4	2.5
M_2	97.5	2.6
M_3	97.4	2.6
M_4	97.5	2.5
M_5	97.5	2.6
M_6	97.5	2.6
M_7	97.5	2.6
M_8	97.4	2.5

续表

EC	EC_1	EC_2
M_9	97.5	2.6
M_{10}	97.4	2.6
M_{11}	97.5	2.6
M_{12}	97.4	2.5
M_{13}	97.5	2.6
M_{14}	97.5	2.6
M_{15}	97.4	2.5
M_{16}	97.5	2.6
M_{17}	97.4	2.5
M_{18}	97.5	2.6
M_{19}	97.4	2.6
M_{20}	97.5	2.5
M_{21}	97.5	2.6
M_{22}	97.4	2.6
M_{23}	97.4	2.5
M_{24}	97.5	2.6
M_{25}	97.4	2.5
M_{26}	97.5	2.6
M_{27}	97.4	2.6
M_{28}	97.4	2.5
M_{29}	97.4	2.6
M_{30}	97.5	2.6
M_{31}	97.4	2.6
M_{32}	97.5	2.6
M_{33}	97.4	2.6
M_{34}	97.5	2.6
M_{35}	97.5	2.5
M_{36}	97.5	2.6
M_{37}	97.5	2.6

续表

EC	EC_1	EC_2
M_{38}	97.4	2.5
M_{39}	97.5	2.6
M_{40}	97.4	2.5
M_{41}	97.5	2.6
M_{42}	97.4	2.5
M_{43}	97.5	2.6
M_{44}	97.5	2.6
M_{45}	97.4	2.6
M_{46}	97.5	2.5
M_{47}	97.4	2.6
M_{48}	97.5	2.6
M_{49}	97.4	2.6
M_{50}	97.5	2.5
M_{51}	97.5	2.6
M_{52}	97.4	2.6
M_{53}	97.5	2.5
M_{54}	97.4	2.6
M_{55}	97.5	2.5
M_{56}	97.4	2.6
M_{57}	97.5	2.6
M_{58}	97.4	2.5
M_{59}	97.5	2.6
M_{60}	97.4	2.6
M_{61}	97.4	2.6
M_{62}	97.4	2.5

第3章的企业信誉指标数据中，M 表示制造商，右下角的数字表示其对应的整数数字编码。其中，EP_1 代表产品合格率，EP_2 代表客户满意度，EP_3 代表订单完成率，EP_4 代表信用状况，EP_5 代表行业地位，EP_6 代表合同履约率。企业信誉指标数据如附表6所示。

附表 6　企业信誉指标数据

EP	EP_1	EP_2	EP_3	EP_4	EP_5	EP_6
M_1	17	17	16.7	17	17	17
M_2	16.7	16.7	15	16.7	16.7	16.7
M_3	16.8	16.8	15.5	17	16.9	17
M_4	16.9	16.9	16	17	17	16.7
M_5	17	16.9	16.2	16.9	16.8	16.8
M_6	16.7	17	15.8	16.9	16.9	17
M_7	16.8	16.9	15.9	17	16.9	16.8
M_8	16.9	16.9	16	16.8	17	16.9
M_9	17	16.8	16.3	16.9	16.7	17
M_{10}	16.9	16.9	16.2	16.9	16.8	16.9
M_{11}	16.8	16.7	15.9	17	17	16.7
M_{12}	17	17	15.8	16.7	16.7	16.8
M_{13}	16.8	16.8	16.4	16.8	16.9	17
M_{14}	16.7	17	15.8	17	16.8	16.7
M_{15}	16.8	16.7	16.7	16.7	17	17
M_{16}	16.9	17	16	16.9	17	16.9
M_{17}	16.7	16.9	16.5	16.9	16.9	17
M_{18}	16.8	16.9	15.9	16.8	16.8	16.8
M_{19}	17	17	16.7	17	17	16.9
M_{20}	16.8	16.9	15.9	16.9	16.8	16.9
M_{21}	16.9	16.7	16.7	16.7	16.7	17
M_{22}	16.8	16.8	16.2	16.7	16.8	16.7
M_{23}	17	17	15.9	16.9	16	16.8
M_{24}	16.8	16.7	16	17	16.2	17
M_{25}	16.9	17	16.2	16.8	15.9	16.7
M_{26}	16.7	16.7	15.9	16.7	15.9	16.9
M_{27}	17	17	15.9	17	16.2	16.7
M_{28}	16.8	16.8	16.2	16.8	16.7	16.8
M_{29}	16.8	17	16.7	16.7	16.8	17

续表

EP	EP_1	EP_2	EP_3	EP_4	EP_5	EP_6
M_{30}	16.7	16.7	16.2	16.9	16.9	16.8
M_{31}	16.7	16.8	15	16.9	16.7	17
M_{32}	16.8	17	15.5	17	16.8	16.9
M_{33}	16.9	16.9	16	16.7	16	16.7
M_{34}	17	16.9	16.2	16.8	16.2	16.8
M_{35}	16.7	16.8	15.8	16.9	15.9	17
M_{36}	16.8	16.9	15.9	17	16.8	16.7
M_{37}	16.9	16.7	16	17	16.9	17
M_{38}	16.7	17	16.3	16.9	16.7	16.7
M_{39}	16.8	17	16.2	16.7	17	16.8
M_{40}	17	16.9	16	16.8	17	16.9
M_{41}	16.8	16.9	16.5	17	16.9	16.7
M_{42}	16.9	17	15.9	16.7	16.9	17
M_{43}	16.8	16.9	16.7	17	17	16.7
M_{44}	17	16.7	15.9	16.7	16.9	16.8
M_{45}	16.8	16.8	16.7	16.5	16.7	16.9
M_{46}	16.9	17	16.2	16.5	16.8	16.9
M_{47}	16.7	16.7	16.2	16.7	17	16.9
M_{48}	17	17	16.7	17	16.7	16.8
M_{49}	16.7	16.7	16.2	16.7	17	16.9
M_{50}	16.8	17	15	17	16.7	16.8
M_{51}	16.9	16.8	15.5	16.7	16.9	16.9
M_{52}	17	17	16	16.4	16.9	16.7
M_{53}	16.7	16.7	16.2	16.9	16.8	17
M_{54}	16.8	16.8	16.7	16.7	16.9	17
M_{55}	16.9	17	15	16.8	16.7	16.9
M_{56}	16.7	16.9	15.5	16.5	17	16.9
M_{57}	16.8	16.9	16	16.7	16.7	16.9
M_{58}	16.9	16.8	16.2	17	17	16.9

续表

EP	EP_1	EP_2	EP_3	EP_4	EP_5	EP_6
M_{59}	17	16.9	15.8	16.7	17	16.8
M_{60}	16.9	16.7	15	17	16.7	16.9
M_{61}	17	17	16.7	17	17	16.9
M_{62}	17	17	16.7	17	17	17

第3章的环保节能指标数据中，M 表示制造商，右下角的数字表示其对应的整数数字编码。其中，$EPEC_1$ 代表碳排放，$EPEC_2$ 代表废水主要污染物排放，$EPEC_3$ 代表废水排放，$EPEC_4$ 代表固体废物排放，$EPEC_5$ 代表废物利用量。环保节能指标数据如附表7所示。

附表7　环保节能指标数据

$EPEC$	$EPEC_1$	$EPEC_2$	$EPEC_3$	$EPEC_4$	$EPEC_5$
M_1	93.2	0.01	5.4	0.9	0.5
M_2	93	0.01	5	1	0.6
M_3	92	0.05	6	1	0.8
M_4	91	0.03	5.5	1.1	1
M_5	92.3	0.04	5.9	1.2	0.5
M_6	93.1	0.02	6	0.9	1.3
M_7	92.3	0.05	5.9	1.1	0.7
M_8	93.3	0.03	5.6	0.9	1
M_9	93.3	0.01	5.5	1.1	0.9
M_{10}	91.1	0.05	5.8	0.9	1
M_{11}	93.3	0.04	5.8	1.3	0.9
M_{12}	91.9	0.03	5.5	1.1	0.9
M_{13}	92.1	0.01	5	0.9	0.8
M_{14}	93.1	0.02	5.8	1	0.5
M_{15}	92.2	0.06	5.9	1.1	1.3
M_{16}	92	0.05	5.4	1.2	1.2
M_{17}	91.9	0.03	5.8	1	0.8
M_{18}	92.5	0.01	6	1.1	1

续表

$EPEC$	$EPEC_1$	$EPEC_2$	$EPEC_3$	$EPEC_4$	$EPEC_5$
M_{19}	91.9	0.05	5.7	0.9	0.9
M_{20}	92.8	0.02	5.4	1.2	1.1
M_{21}	92.9	0.04	5.5	0.9	0.8
M_{22}	92	0.01	5	1	1.1
M_{23}	92.6	0.05	6	0.9	1
M_{24}	91.9	0.02	5.5	1.2	1.3
M_{25}	93.3	0.01	5	0.9	1.1
M_{26}	91.8	0.05	5.4	1	0.8
M_{27}	92	0.02	5.5	1.2	0.5
M_{28}	93.3	0.01	5	1	0.8
M_{29}	91.9	0.05	6	1.2	0.9
M_{30}	93.3	0.03	5.4	1.1	1.5
M_{31}	93.1	0.05	5.4	1.2	1
M_{32}	92.2	0.04	5.8	0.9	0.5
M_{33}	92	0.03	6	1	1.3
M_{34}	91.9	0.01	5.7	0.9	0.7
M_{35}	92.5	0.02	5.4	1.2	1
M_{36}	91.9	0.06	5.5	0.9	0.9
M_{37}	92.8	0.05	5.4	1	1
M_{38}	92.9	0.03	5	1.2	0.9
M_{39}	92	0.01	6	1	0.9
M_{40}	93.2	0.02	5.5	1.2	0.8
M_{41}	93	0.04	5.9	0.9	0.5
M_{42}	92	0.01	6	1	1.3
M_{43}	91	0.05	5.9	1	0.8
M_{44}	92.3	0.02	5.6	1.1	1
M_{45}	93.1	0.01	5.5	1.2	0.9
M_{46}	92.3	0.05	5.8	0.9	1.1
M_{47}	93.3	0.02	5.5	1.1	0.8

续表

$EPEC$	$EPEC_1$	$EPEC_2$	$EPEC_3$	$EPEC_4$	$EPEC_5$
M_{48}	93.3	0.01	5	0.9	1.1
M_{49}	92	0.05	5.8	1.1	1
M_{50}	92.6	0.01	5.9	0.9	1.3
M_{51}	91.9	0.01	5.4	1.3	1.1
M_{52}	93.3	0.05	5.8	1.1	0.8
M_{53}	91.8	0.03	6	1.1	0.5
M_{54}	92	0.04	5.7	0.9	0.8
M_{55}	93.3	0.02	5.4	1.3	0.9
M_{56}	91.9	0.05	5.5	1.1	0.5
M_{57}	93.3	0.03	5.9	0.9	0.6
M_{58}	92	0.01	5.6	1	0.8
M_{59}	91.9	0.05	5.5	1.1	1
M_{60}	92.5	0.03	5.8	1.2	0.5
M_{61}	91.9	0.05	5.7	1.2	0.9
M_{62}	93.2	0.01	5.4	0.9	0.5

第 3 章的客户服务能力指标数据中，M 表示制造商，右下角的数字表示其对应的整数数字编码。其中，CS_1 代表产品改进能力，CS_2 代表售后能力，CS_3 代表退换货速度。客户服务能力指标数据如附表 8 所示。

附表 8　客户服务能力指标数据

CS	CS_1	CS_2	CS_3
M_1	33	33	33
M_2	34	35	35
M_3	35	32	37
M_4	36	33	35
M_5	37	32	36
M_6	34	36	32
M_7	35	35	33
M_8	36	35	37

续表

CS	CS_1	CS_2	CS_3
M_9	34	37	36
M_{10}	35	35	32
M_{11}	36	35	33
M_{12}	35	34	37
M_{13}	37	32	32
M_{14}	34	34	35
M_{15}	34	35	32
M_{16}	32	34	34
M_{17}	35	35	37
M_{18}	32	32	37
M_{19}	34	33	35
M_{20}	35	35	32
M_{21}	36	32	32
M_{22}	38	36	35
M_{23}	34	37	33
M_{24}	37	35	36
M_{25}	36	32	32
M_{26}	34	34	35
M_{27}	34	35	34
M_{28}	36	37	32
M_{29}	37	35	35
M_{30}	34	34	32
M_{31}	35	36	35
M_{32}	32	34	36
M_{33}	34	34	34
M_{34}	35	36	35
M_{35}	37	37	36
M_{36}	35	32	35
M_{37}	34	34	37

续表

CS	CS_1	CS_2	CS_3
M_{38}	35	35	37
M_{39}	32	37	32
M_{40}	33	35	35
M_{41}	35	34	32
M_{42}	37	35	34
M_{43}	36	36	32
M_{44}	34	32	33
M_{45}	34	33	35
M_{46}	36	37	32
M_{47}	37	36	36
M_{48}	34	32	37
M_{49}	33	33	35
M_{50}	35	34	32
M_{51}	37	35	35
M_{52}	35	36	36
M_{53}	36	37	34
M_{54}	32	34	35
M_{55}	33	35	36
M_{56}	35	36	35
M_{57}	32	34	34
M_{58}	33	35	35
M_{59}	32	36	36
M_{60}	36	32	32
M_{61}	34	33	35
M_{62}	33	33	33

第3章的企业配送能力指标数据中，M 表示制造商，右下角的数字表示其对应的整数数字编码。其中，ED_1 代表物流资源，ED_2 代表应急配送能力，ED_3 代表配送信息更新速度，ED_4 代表库存周转。企业配送能力指标数据如附表9所示。

附表 9　企业配送能力指标数据

ED	ED_1	ED_2	ED_3	ED_4
M_1	17	8	41	58
M_2	12	5	25	39
M_3	13	8	30	55
M_4	16	6	28	54
M_5	17	8	32	48
M_6	15	7	40	46
M_7	12	7	40	51
M_8	17	7	37	47
M_9	12	9	39	45
M_{10}	14	8	37	56
M_{11}	13	9	38	53
M_{12}	12	6	36	39
M_{13}	17	9	38	40
M_{14}	13	7	34	51
M_{15}	12	9	40	50
M_{16}	17	8	32	54
M_{17}	15	5	33	58
M_{18}	12	6	38	44
M_{19}	15	7	39	51
M_{20}	13	8	39	54
M_{21}	17	5	29	51
M_{22}	15	6	37	54
M_{23}	12	7	39	50
M_{24}	17	5	38	51
M_{25}	12	8	37	54
M_{26}	13	5	30	54
M_{27}	15	7	40	58
M_{28}	17	5	36	50
M_{29}	15	6	39	55

续表

ED	ED_1	ED_2	ED_3	ED_4
M_{30}	12	6	32	58
M_{31}	12	7	40	48
M_{32}	17	7	37	46
M_{33}	12	9	39	51
M_{34}	14	8	37	47
M_{35}	13	9	38	45
M_{36}	12	6	36	56
M_{37}	17	9	38	53
M_{38}	13	7	34	58
M_{39}	12	9	41	39
M_{40}	15	8	25	55
M_{41}	12	5	30	54
M_{42}	15	8	28	48
M_{43}	13	6	32	46
M_{44}	17	8	40	51
M_{45}	15	7	40	47
M_{46}	12	7	37	45
M_{47}	17	7	39	51
M_{48}	12	9	37	54
M_{49}	13	8	29	51
M_{50}	17	9	37	54
M_{51}	12	6	39	50
M_{52}	13	9	38	51
M_{53}	16	7	37	54
M_{54}	17	9	30	54
M_{55}	15	8	40	58
M_{56}	12	5	36	46
M_{57}	17	6	39	51
M_{58}	12	7	37	47

续表

ED	ED_1	ED_2	ED_3	ED_4
M_{59}	15	8	39	45
M_{60}	12	5	37	58
M_{61}	15	7	39	51
M_{62}	17	8	41	58

第 3 章的工艺可靠性能力指标数据中，M 表示制造商，右下角的数字表示其对应的整数数字编码。其中，PR_1 代表工序能力，PR_2 代表工艺环境，PR_3 代表工艺设计能力，PR_4 代表材料选择能力，PR_5 代表工艺修正能力，PR_6 代表工艺稳定性，PR_7 代表工艺循环性。工艺可靠性指标数据如附表 10 所示。

附表 10　工艺可靠性指标数据

PR	PR_1	PR_2	PR_3	PR_4	PR_5	PR_6	PR_7
M_1	14	14	14	14	14	14	14
M_2	13	15	16	13	12	16	12
M_3	15	14	12	12	14	12	12
M_4	12	15	15	13	16	13	14
M_5	16	14	12	12	12	12	15
M_6	11	13	16	13	13	15	14
M_7	15	12	13	15	16	14	15
M_8	14	13	16	12	14	15	16
M_9	13	14	15	12	15	14	16
M_{10}	16	14	12	14	14	12	12
M_{11}	15	12	16	13	12	16	13
M_{12}	13	13	15	14	15	12	12
M_{13}	16	12	16	12	12	15	14
M_{14}	14	12	15	15	14	16	16
M_{15}	16	14	16	14	12	12	15
M_{16}	13	14	13	12	15	12	13
M_{17}	16	12	16	14	16	13	14

续表

PR	PR_1	PR_2	PR_3	PR_4	PR_5	PR_6	PR_7
M_{18}	14	13	16	13	15	12	15
M_{19}	16	12	12	12	16	16	15
M_{20}	15	14	15	13	14	12	14
M_{21}	15	14	16	14	16	15	13
M_{22}	16	12	12	15	15	16	16
M_{23}	14	13	13	14	16	14	14
M_{24}	16	16	16	13	13	12	15
M_{25}	15	14	12	12	16	16	12
M_{26}	13	16	15	13	14	13	13
M_{27}	16	16	12	15	15	12	12
M_{28}	15	16	12	12	16	14	15
M_{29}	14	12	16	15	14	16	16
M_{30}	16	16	13	12	16	12	12
M_{31}	12	12	15	16	12	14	14
M_{32}	14	12	15	15	14	15	16
M_{33}	13	14	16	13	16	16	12
M_{34}	14	14	14	16	12	16	15
M_{35}	12	12	16	15	13	12	12
M_{36}	15	13	15	14	16	13	16
M_{37}	14	12	13	16	14	12	13
M_{38}	12	14	16	12	15	14	16
M_{39}	14	14	15	14	14	16	15
M_{40}	13	12	14	13	12	15	12
M_{41}	12	13	16	14	15	13	16
M_{42}	13	16	12	12	12	14	15
M_{43}	14	13	16	15	14	15	16
M_{44}	15	12	14	14	12	15	15
M_{45}	14	13	16	12	15	14	16
M_{46}	16	15	16	14	16	13	12

续表

PR	PR_1	PR_2	PR_3	PR_4	PR_5	PR_6	PR_7
M_{47}	12	12	16	13	15	14	12
M_{48}	15	15	12	12	16	13	14
M_{49}	16	12	16	13	12	12	14
M_{50}	12	16	12	14	14	13	12
M_{51}	12	15	12	14	16	14	13
M_{52}	13	13	14	16	12	15	12
M_{53}	12	16	14	12	15	14	14
M_{54}	16	15	12	13	12	13	14
M_{55}	12	14	13	16	16	12	12
M_{56}	15	16	12	14	13	13	13
M_{57}	16	12	14	15	16	15	16
M_{58}	14	14	14	14	15	12	14
M_{59}	12	12	12	12	12	15	16
M_{60}	14	13	13	15	16	12	15
M_{61}	16	12	12	12	16	16	15
M_{62}	14	14	14	14	14	14	14

第 3 章的制造能力指标数据中，M 表示制造商，右下角的数字表示其对应的整数数字编码。其中，MC_1 代表生产设计能力，MC_2 代表技术改进能力，MC_3 代表技术研发能力，MC_4 代表计划执行能力，MC_5 代表集成制造能力。制造能力指标数据如附表 11 所示。

附表 11　制造能力指标数据

MC	MC_1	MC_2	MC_3	MC_4	MC_5
M_1	35	6	20	25	25
M_2	29	5	21	24	14
M_3	31	6	22	23	15
M_4	32	5	19	26	22
M_5	30	6	23	22	19
M_6	33	5	23	23	20

续表

MC	MC_1	MC_2	MC_3	MC_4	MC_5
M_7	35	6	19	26	24
M_8	34	5	20	22	18
M_9	36	5	21	25	23
M_{10}	35	5	23	24	21
M_{11}	29	5	19	23	24
M_{12}	31	6	20	26	17
M_{13}	32	5	21	22	25
M_{14}	32	6	22	25	17
M_{15}	30	5	19	24	25
M_{16}	33	5	23	23	22
M_{17}	35	6	19	22	19
M_{18}	34	5	20	23	20
M_{19}	36	6	21	26	24
M_{20}	30	5	23	22	18
M_{21}	33	6	19	25	24
M_{22}	35	5	23	24	18
M_{23}	34	6	23	24	23
M_{24}	36	5	19	23	21
M_{25}	29	6	20	26	24
M_{26}	31	5	21	22	17
M_{27}	32	6	23	25	25
M_{28}	32	6	22	24	17
M_{29}	30	5	19	23	25
M_{30}	33	6	23	25	24
M_{31}	36	6	20	24	25
M_{32}	30	5	21	23	14
M_{33}	33	6	23	26	15
M_{34}	35	5	19	22	22
M_{35}	34	5	23	25	19

续表

MC	MC_1	MC_2	MC_3	MC_4	MC_5
M_{36}	36	5	23	24	20
M_{37}	29	5	19	23	24
M_{38}	31	6	23	25	18
M_{39}	32	5	23	24	23
M_{40}	29	6	19	23	21
M_{41}	31	6	20	22	25
M_{42}	32	5	21	23	17
M_{43}	32	6	23	26	25
M_{44}	30	6	20	22	24
M_{45}	33	5	21	25	25
M_{46}	36	6	22	25	14
M_{47}	30	6	19	24	15
M_{48}	35	5	23	23	22
M_{49}	29	6	23	26	24
M_{50}	31	6	19	22	17
M_{51}	32	5	23	23	25
M_{52}	30	6	19	26	17
M_{53}	33	5	20	22	25
M_{54}	35	6	21	25	22
M_{55}	34	5	23	24	19
M_{56}	36	6	19	26	20
M_{57}	34	5	20	22	24
M_{58}	36	5	21	25	18
M_{59}	35	6	23	24	24
M_{60}	29	5	19	23	18
M_{61}	36	6	21	26	24
M_{62}	35	6	20	25	25

参考文献

[1] 李伯虎，张霖. 云制造——面向服务的网络化制造新模式 [J]. 计算机集成制造系统，2010，16 (1)：1-7.

[2] 李伯虎，张霖. 云制造 [M]. 北京：清华大学出版社，2015：1-10.

[3] 李伯虎，张霖. 再论云制造 [J]. 计算机集成制造系统，2011，17 (3)：449-456.

[4] 李伯虎，张霖. 云制造典型特征、关键技术与应用 [J]. 计算机集成制造系统，2012，18 (7)：1345-1357.

[5] 吴晓晓，石胜友，侯俊杰. 航天云制造服务应用模式研究 [J]. 计算机集成制造系统，2012，18 (7)：1595-1603.

[6] 王时龙，郭亮，康玲. 云制造应用模式探讨及方案分析 [J]. 计算机集成制造系统，2011，17 (3)：1637-1643.

[7] 尹超，黄必清，刘飞. 中小企业云制造服务平台共性关键技术体系 [J]. 计算机集成制造系统，2011，17 (3)：495-503.

[8] Guo Hua，Tao Fei，Zhang Lin. Research on measurement method of resource service composition flexibility in service-oriented manufacturing system [J]. International Journal of Computer Integrated Manufacturing，2012，25 (2)：113-135.

[9] 李京生，王爱民，唐承统. 基于动态资源能力服务的分布式协同调度技术 [J]. 计算机集成制造系统，2012，18 (7)：1563-1574.

[10] Xu Xun. From computing to cloud manufacturing [J]. Robtics and Computer Integerted Manufacturing，2012，28 (1)：75-86.

[11] Wu D，Greer M J，Rosen D W. Cloud manufacturing：drivers，current status，and future trends [C]. MSEC2013. wisconsin：madison，2012.

[12] 朱李楠. 云制造环境下资源建模及其匹配方法研究 [D]. 杭州：浙江大学，2014.

[13] 胡祥萍. 云制造环境下基于语义的制造资源建模与管理研究 [D]. 北京：北京交通大学，2013.

[14] Cai M，Zhang W Y，Zhang K. ManuHub：a semantic Web system for ontology-based service management in distributed manufacturing environments [J]. Systems，Man and Cybernetics，Part A：Systems and Humans，IEEE Transactions on. 2011，41 (3)：574-582.

[15] 张帅，李海波. 云制造环境中基于工作流的资源选取方法 [J]. 计算机集成制造系统，2015，21 (3)：831-839.

[16] Liu N，LI X P，Wang Q. A resource & capability virtualization method for cloud manufacturing system [C]. Proceeding of IEEE International Conference on Systems Mand and Cybemetics Conference. Anchorage，2011：1003-1008.

[17] Zhang Z N，Zhong P S. Key issues for cloud manufacturing platform [J]. Advance Materials Research，2012，472：2621-2625.

[18] Wu L. Resource virtualization model in cloud manufacturing [J]. Advance Materials Research,

2011 (143-144): 1250-1253.

[19] Junior F R L, Osiro L, Carpinetti L C R. A comparison between Fuzzy AHP and Fuzzy TOPSIS methods to supplier selection [J]. Applied Soft Computing, 2014, 21 (5): 194-209.

[20] Lekurwale R R, Akarte M M, Raut D N. Framework to evaluate manufacturing capability using analytical hierarchy process [J]. International Journal of Advanced Manufacturing Technology, 2014, 76 (1-4): 1-12.

[21] Li Changsong, Wang Shilong, Kang Ling, et al. Trust evaluation model of cloud manufacturing service platform [J]. International Journal of Advanced Manufacturing Technology, 2014, 75 (1-4): 489-501.

[22] Qian L. Market-based supplier selection with price, delivery time, and service level dependent demand [J]. International Journal of Production Economics, 2014, 147 (C): 697-706.

[23] 庞峰. 模拟退火算法的原理及算法在优化问题上的应用 [D]. 长春：吉林大学，2006.

[24] 关雪松. 面向虚拟制造的箱体类零件可制造性评价方法的研究 [D]. 长春：吉林大学，2008.

[25] Hu Kuo Jen, Yu V F. An integrated approach for the electronic contract manufacturer selection problem [J]. Omega, 2016, 62: 68-81.

[26] 马国强. 云环境下的协同制造商筛选研究 [D]. 秦皇岛：燕山大学，2012.

[27] 高亮亮. 基于云制造服务平台的船舶协同制造商筛选问题研究 [D]. 镇江：江苏科技大学，2014.

[28] Hu K J, Yu V F. An integrated approach for the electronic contract manufacturer selection problem [J]. Omega, 2016, 62: 68-81.

[29] Lartigau J, Xu X, Zhan D. Artificial Bee Colony Optimized Scheduling Framework Based on Resource Service Availability in Cloud Manufacturing [J]. IEEE, 2014: 181-186.

[30] Wang J, Gong B, Liu H, et al. Multidisciplinary approaches to artificial swarm intelligence for heterogeneous computing and cloud scheduling [J]. Applied Intelligence, 2015, 43 (3): 662-675.

[31] Rashidi S, Sharifian S. A hybrid heuristic queue based algorithm for task assignment in mobile cloud [J]. Future Generation Computer Systems, 2016, 68: 331-345.

[32] Rimal B P, Maier M. Workflow Scheduling in Multi-Tenant Cloud Computing Environments [J]. IEEE Transactions on Parallel & Distributed Systems, 2016, 28 (1): 290-304.

[33] 姜建国，周佳微. 一种自适应细菌觅食优化算法 [J]. 西安电子科技大学学报（自然科学版），2015, 42 (1): 75-82.

[34] 胡洁. 细菌觅食优化算法的改进与应用研究 [D]. 武汉：武汉理工大学，2012.

[35] 童雅林. 基于自适应的细菌觅食优化算法研究 [D]. 合肥：合肥工业大学，2015.

[36] Satty T L. The analytic hierarchy process [M]. New York: McGrawHill, 1980.

[37] 黄云. 基于 QoS 的云服务评价模型及应用的研究 [D]. 杭州：浙江工商大学，2013.

[38] 余本功，汪柳，郭凤艺. 基于灰色模糊层次分析法的企业云服务安全评价模型 [J]. 计算机应用，2014 (a02): 91-94.

[39] 尹超，张云，钟婷. 面向新产品开发的云制造服务资源组合优选模型 [J]. 计算机集成制造系

统，2012，18 (7)：1368-1378.

[40] 蔡坦. 云制造环境下层次化制造服务优选研究 [D]. 重庆：重庆大学，2013.

[41] Li C，Wang S，Kang L，et al. Trust evaluation model of cloud manufacturing service platform [J]. International Journal of Advanced Manufacturing Technology，2014，75 (1-4)：489-501.

[42] 马文龙，朱李楠，王万良. 云制造环境下基于 QoS 感知的云服务选择模型 [J]. 计算机集成制造系统，2014，20 (5)：1246-1254.

[43] Yan K，Cheng Y，Tao F. A trust evaluation model towards cloud manufacturing [J]. International Journal of Advanced Manufacturing Technology，2016，84 (1-4)：133-146.

[44] Hu H，Zhang J. The evaluation system for cloud service quality based on SERVQUAL [J]. Lecture Notes in Electrical Engineering，2013，210：577-584.

[45] Wang S，Liu Z，Sun Q，et al. Towards an accurate evaluation of quality of cloud service in service-oriented cloud computing [J]. Journal of Intelligent Manufacturing，2014，25 (2)：283-291.

[46] 周冰，王美清，甘佳. 基于主成份分析的云制造服务 QoS 评估方法研究 [J]. 制造业自动化，2013 (14)：28-33.

[47] Choi C R，Jeong H Y. Quality evaluation and best service choice for cloud computing based on user preference and weights of attributes using the analytic network process [J]. Electronic Commerce Research，2014，14 (3)：245-270.

[48] 张远龙，屠建飞，谢文东. 基于模糊层次分析法的云制造资源评价 [J]. 机械制造，2015，53 (6)：49-52.

[49] 赵秋云，魏乐，舒红平. 基于质量评价及需求匹配的制造设备云服务选择 [J]. 计算机应用研究，2015 (11)：3387-3390.

[50] Xu X. Cloud manufacturing service composition based on QoS with geo-perspective transportation using an improved Artificial Bee Colony optimisation algorithm [J]. International Journal of Production Research，2015，53 (14)：4380-4404.

[51] Rajendran V V，Swamynathan S. Hybrid model for dynamic evaluation of trust in cloud services [J]. Wireless Networks，2016，22 (6)：1807-1818.

[52] 魏乐，赵秋云，舒红平. 云制造环境下基于可信评价的云服务选择 [J]. 计算机应用，2013，33 (01)：23-27.

[53] Zuo L，Dong S，Zhu C，et al. A cloud resource evaluation model based on entropy optimization and ant colony clustering [J]. Computer Journal，2015，58 (6)：776-785.

[54] Setiawan N Y，Sarno R. Multi-criteria decision making for selecting semantic Web service considering variability and complexity trade off [J]. Journal of Theoretical & Applied Information Technology，2016.

[55] 谭明智，易树平，曾锐. 基于服务满意度的云制造服务综合信任评价模型 [J]. 中国机械工程，2015，26 (18)：2473-2480.